Daniel Zupanc | Regina Pfistermüller

Wildnis Zoo

Impressionen aus Schönbrunn

KIKO Verlag

www.kiko-verlag.at

Umschlaggestaltung & Layout:
Daniel Zupanc, Gottlieb Magesacher

Gesamtherstellung:
Druckerei Theiss GmbH, A-9431 St. Stefan, www.theiss.at
Printed in Austria

ISBN 978-3-902644-00-8

Inhalt

Vorwort

Die Worte „Wildnis" und „Zoo" mögen auf den ersten Blick wie ein Widerspruch klingen, verstehen wir Menschen unter Wildnis doch zumeist Natur in einer Ausprägung ohne Zutun des Menschen. Ja, wir stellen uns Menschen mit unserer Kulturlandschaft begrifflich sogar in Gegensatz zu „Natur". Tatsächlich sind Landschaften, die nicht durch unsere Tätigkeiten geprägt sind, rar geworden. Völlig unberührte Natur gibt es nur noch selten. Sogar dort, wo sie geschützt ist, in den Nationalparks weltweit, ist dennoch der menschliche Einfluss nicht zu übersehen. Kaum jemand in unserer Zivilisationsgesellschaft kennt heute noch unberührte Landschaften. Dadurch ging vieles an Wissen und Erfahrung mit „Naturlandschaften" und „Wildnis" und deren Pflanzen- und Tierwelt verloren.

Zoologische Gärten bilden heute oft einen Ersatz für verloren gegangene „Naturberührung". Als Kulturinstitutionen – gemacht von Menschen für Menschen – haben sie eine Brückenfunktion zwischen Mensch und Tier. Die sinnlich erfahrbare Gegenwart der Tiere, ihre Bewegungen, ihre Mimik, ihr Geruch, der unmittelbare Blickkontakt zum Tier wecken Emotionen – und damit auch das Interesse und ein besseres Verständnis für die Lebensbedingungen der Tiere in ihrer „Wildnis". Kein Fernsehfilm und keine Tierdokumentation verstehen diese Emotionen so zu wecken wie die unmittelbare Begegnung mit dem Tier. Zootiere sind heute mehr denn je als Botschafter der im Freiland bedrohten Arten zu sehen. Die Begegnung mit ihnen soll die Zoobesucher daher auch zum Umdenken im Umgang mit der Natur aufrufen.

Der Zoo ist heute sozusagen eine „Wildnis für Kurzausflüge", eine Begegnungsstätte für Mensch und Tier, aber auch Rückhalt für Arten, die durch Lebensraumverlust oder Einflüsse des Menschen bedroht sind. Er ist eine Einrichtung, die dem Natur- und Artenschutz dient, Wissen vermittelt und die Forschung in Bezug auf die Lebensraumansprüche der Tierarten und deren Verhaltensweisen unterstützt und vorantreibt.

Die größten Anliegen Zoologischer Gärten sind jedoch, den Menschen die Schönheit und Vielfalt der Tier- und Pflanzenwelt nahe zu bringen, sie für die Natur zu begeistern und sie gleichzeitig dafür zu gewinnen, ihr wieder mehr Wildnis zurück zu geben. Begleiten Sie mich in diesem Bildband auf einen Rundgang durch den Tiergarten im Weltkulturerbe Schönbrunn und erleben Sie mit mir die Faszination der Schönheit der Natur im Zoo.

Herzlichst

Dr. Dagmar Schratter

Einleitung

Die Wurzeln der heutigen Pflege von Wildtieren liegen in der Haltung als Opfertiere, Kulttiere und Götterboten und im Repräsentationsbedürfnis, aber auch im Wissensdrang der damaligen Herrscher. Wir kennen Tiergärten schon aus den frühen Hochkulturen an Euphrat und Tigris, dem Nil- und Industal und dem antiken China. Kaiser Augustus errichtete um die Zeitenwende den ersten zoologischen Garten in Rom mit etwa 3500 Tieren, darunter hunderte von Tigern, Löwen und anderen Raubtieren. Von da an waren private Tiergärten im Rom so beliebt, dass sogar Sondersteuern für Löwen und Leoparden eingehoben wurden. Nach dem Untergang des Römischen Reichs verschwanden exotische Großtiere aus dem europäischen Bewusstsein. Tiergärten spielten nur eine untergeordnete Rolle und die Wildtierhaltung beschränkte sich auf einige Bären in Stadt- und Burggräben oder Hirsche in Wildgattern. Erst mit den Kreuzzügen kamen wieder exotische Tiere nach Europa. So entstanden in der zweiten Hälfte des 12. Jahrhunderts auf italienischen Fürstenhöfen die ersten Menagerien als Demonstration von Macht und Einfluss.

Noch im 18. und 19. Jahrhundert waren Tierhaltungen nichts anderes als möglichst umfangreiche, lebendige naturwissenschaftliche Sammlungen. Expeditionen nach Mittel- und Südamerika sowie nach Afrika und den vorgelagerten Inseln wurden ausgestattet und brachten verschiedene Vögel, Zebras, Nashörner, Elefanten, Flusspferde, Giraffen und viele mehr nach Europa. Man interessierte sich für diese unterschiedlichen exotischen Tierarten und deren Anpassungen an das Leben und machte sich Gedanken über das, was in diesem Fall am Nächsten lag: über Pflege, Ernährung und Zucht.

Besonders Anfang des 20. Jahrhunderts erlebte die Zoowelt einen Quantensprung. Neue Ideen setzten sich durch. Die während der vorangegangenen Jahrzehnte entstandenen Zoologischen Gärten wollten nicht mehr nur einzelne Tierarten zeigen, sondern wussten bereits sehr wohl, wie wichtig ökologische Gesichtspunkte für Menschen im Verständnis für eine Tierart sind. Ebenso begann man zu erkennen, dass verhaltensbiologische Erkenntnisse wichtig für die Verbesserung von Tierhaltung und -zucht waren. Die Forschungszweige Tierpsychologie und Verhaltensbiologie entstanden, und der Wissensaustausch innerhalb der Zoogemeinschaft, in der man nun intensiver zusammenzuarbeiten begann, verbesserte sich.

Bereits vor der Mitte des 20. Jahrhunderts, postulierte Heini Hediger, der Begründer der modernen Tiergartenbiologie, die vier hauptsächlichen Aufgaben von Tiergärten, an denen sich bis heute nichts geändert hat: Erholung, Bildung, Forschung und Natur- und Artenschutz. So kam es auch, dass Ende des 20. Jahrhunderts, in einer Zeit kontinuierlicher Lebensraumeinschränkung, Überbevölkerung und Umweltverschmutzung, Tiergärten neben ihrer Funktion als Treffpunkt für Mensch und Tier auch vermehrt ihrer Verantwortung für Natur- und Artenschutz nachgingen.

Es ist heute eine der wichtigsten Aufgaben moderner Tiergärten, den Natur- und Artenschutz-

gedanken unter die Menschen zu tragen.
Mit vielen tausenden Besuchern täglich in unzähligen Tiergärten auf der ganzen Welt haben Tiergärten das Potential, für Besucher eine Verbindung vom Zootier zu freilebenden Artgenossen und deren Problemen herzustellen und Interesse für den Naturschutz zu wecken. Tiergärten sind auch Stätten für Wissen und Forschung – eine Voraussetzung für Natur- und Artenschutz.
Sie sehen sich verpflichtet, nicht nur spektakuläre „Exoten" zu zeigen, sondern vor allem vielen bedrohten Tierarten ein Refugium zu bieten und, wenn möglich, dazu beizutragen, diesen Tierarten auch außerhalb der Tiergärten ein Überleben im Einklang mit dem Menschen zu ermöglichen.

Das Weltkulturerbe Schönbrunn

Architektonische Meisterleistung, Naherholungsraum und Touristenmagnet

Schönbrunn ist die größte barocke Schlossanlage Österreichs und fasziniert auch heute noch jährlich Millionen von Besuchern mit Monumentalität, Prunk und Symmetrie, erhalten im Zustand ihrer Blütezeit im 18. Jahrhundert. Das mächtige Schloss und seine präzisen Gärten, durchzogen von breiten Alleen, akzentuiert mit Figurengruppen in Brunnenbecken, verziert mit zierlichen Statuetten und kleinen Pavillons, ausgestattet mit heimlichen und weniger heimlichen Winkeln sowie dem ältesten Tiergarten der Welt, formen ein Gesamtkunstwerk, das international Anerkennung findet und wohl auf dem Reiseplan jedes Wien-Besuchers zu finden ist.

Seit 1996 ist das „barocke Gesamtkunstwerk Schönbrunn" UNESCO Weltkulturerbe und fügt sich so in die lange Liste unserer Welterbe ein, die Natur- sowie Kulturerbe enthält. Die Schlossanlage ist eine von acht Welterbestätten in Österreich und eines von 685 Kulturdenkmälern weltweit und gehört somit zu den historischen Objekten – Baudenkmäler, Kunstwerke oder Bodendenkmäler, wie Gräber oder Siedlungsreste – die ein Zeugnis menschlicher Geschichte und Entwicklung darstellen. Den Anstoß zur Verfassung der Konvention zum Schutz des Kultur- und Naturerbes der Welt gab 1960 der Bau des Assuan-Staudamms, der die historischen Denkmäler in Nubien bedrohte. Schließlich trat sie 1972 in Kraft und löste die aus der Antike stammende Idee der Weltwunder ab. Wenn die Aufnahme in die Liste der Denkmäler durch ein Komitee beschlossen ist, verpflichten sich die 184 teilnehmenden Staaten, dieses Erbe zu schützen und zu erhalten und sich auch gegenseitig bei dieser Aufgabe zu unterstützen.

Man ist sich einig, dass ein Weltkulturerbe ein Meisterwerk der menschlichen Schöpferkraft, ein bedeutender Schnittpunkt menschlicher Werte in Bezug auf Architektur und ein außergewöhnliches Zeugnis einer kulturellen Tradition sein muss. Darüber hinaus soll ein Weltkulturerbe ein herausragendes Beispiel eines architektonischen Ensembles sein, das einen bedeutenden Abschnitt der Geschichte der Menschheit versinnbildlicht. Und all diese Kriterien treffen wohl auf Schönbrunn zu.
Die Anlage besitzt außergewöhnlichen universellen Wert, als besonders gut erhaltenes Beispiel einer barocken herrschaftlichen Residenz,

das Dank der Habsburger Tradition Jahrhunderte lang modernen Geschmäckern, Interessen und Bestrebungen standhielt und auch heute noch die Zeit der einst hier lebenden Monarchen widerspiegelt.

Als beliebter Naherholungsraum für Wiener und Anziehungspunkt für Touristen aus aller Welt bietet Schönbrunn geschichtsträchtige Mauern, hervorragend gepflegte barocke Parkanlagen und vorbildliche zeitgemäße Tierhaltung – ein Ort zum Erholen und Entspannen, zum Lernen und Erleben, zum Schaffen eines Bewusstseins für den Erhalt und Schutz unserer Kultur und Natur.

Der Tiergarten Schönbrunn

Vom ältesten Zoo der Welt zum Partner im Natur- und Artenschutz

Es war am 31. Juli 1752, als Kaiser Franz I. Stephan von Lothringen seiner Gemahlin, Kaiserin Maria Theresia, und einigen adeligen Gästen seine neu errichtete Menagerie „seltener Thiere" vorstellte. Nach einem Entwurf seines Hofarchitekten Jean Nicolas Jadot ließ der Kaiser seine Menagerie in Form von 13 radial angeordneten Gartensegmenten um einen zentralen Pavillon errichten. 12 Segmente wurden als Tiergehege gestaltet, das 13. Segment enthielt das Verwaltungsgebäude, in dem auch heute noch die Direktion untergebracht ist. Im Herzstück der Menagerie, dem achteckigen Pavillon, der mit einem großartigen Deckenfresko und 12 Ölgemälden mit Tierbildern ausgestattet wurde, nahm das Kaiserpaar gelegentlich das Frühstück ein. Von der Terrasse des seit 1949 als Restaurant genützten „Frühstückpavillons des Kaisers" kann man auch heute noch bei ausgesuchten Speisen einen herrlichen Rundblick in die gut erhaltenen historischen Anlagen genießen und dabei Geparde, Giraffen, Zebras, Antilopen und Flamingos beobachten. Dazwischen liegen über 255 Jahre Geschichte – eine Geschichte voller Höhen und Tiefen mit vielen spektakulären Ereignissen, Krisen aber auch Glanzzeiten. So gelang zum Beispiel 1906 die weltweit erste Geburt eines in einem zoologischen Garten gezeugten Elefanten, oder 1961 die weltweit erste Nachzucht europäischer Seeadler in Menschenobhut.

Keine Frage, der Tiergarten Schönbrunn veränderte sich durch die Jahrhunderte. Besonders der Biologe Otto Antonius, der 1924 sein Amt als Direktor antrat, setzte neue Maßstäbe, nicht nur im Sinn von Neubauten in der Menagerie, sondern auch in internationaler Zusammenarbeit der Zoogemeinschaft. Als 1992 die neu gegründete „Schönbrunner Tiergarten GmbH" ihre Geschäftstätigkeit aufnahm, begann unter Helmut Pechlaner ein noch nie dagewesener Höhenflug des Tiergartens, dessen positive Entwicklung sich bis heute fortsetzt.

Erste Projekte der GmbH waren ein neues Kleinaffenhaus am historischen Schwimmvogelteich, eine neue Großkatzenanlage und der neue Elefantenpark. 1994 wurde mit der Eröffnung des Tirolerhofes auch der Tirolergarten im Süden des Tiergartens wieder neu belebt. Auch die Vogelhaltung wurde grundlegend verändert. Die Große Greifvogelvoliere war

in den 1930er Jahren noch mit bis zu fünfzig großen Adlern und Geiern besetzt gewesen. Heute lebt hier in einem naturnah gestalteten Lebensraum neben Watvögeln wie Rotschenkel und Kampfläufer eine Gruppe Waldrappe, eine der meist bedrohten Vogelarten der Welt.

Im Jubiläumsjahr 2002 setzten der Einzug der ersten Koalas in Wien, die Fertigstellung neuer Gehege für Pinguine, Seraus, Brillen- und Nasenbären und Löwen sowie die Inbetriebnahme des „Jubiläumsprojektes" Regenwaldhaus neue Maßstäbe. Auch 2003 ist mit der Ankunft zweier junger Großer Pandas aus der Zucht- und Forschungsstation Wolong in

China zum geschichtsträchtigen Jahr geworden. Die beiden Pandas fanden ihr neues Heim im umgebauten historischen Elefantengehege und zeugten 2007 europaweit erstmals Nachwuchs auf natürlichem Weg. Eine weitere große Attraktion erhielt der Tiergarten 2006 mit zwei Panzernashörnern aus dem Waisenhaus des Chitwan Nationalparks in Nepal. Die beiden Urzeitriesen bewohnen heute gemeinsam mit Nilgau-Antilopen, Axis-Hirschen und Hirschziegenantilopen eine 6000 m^2 große Anlage.

Bei allen baulichen Planungen gilt es allerdings dem Anspruch gerecht zu werden, sowohl das barocke Kulturdenkmal – die Baulichkeiten ebenso wie die Gartenarchitektur – zu erhalten, als auch eine moderne, verhaltensgemäße Tierhaltung zu verwirklichen. Diese Herausforderung gilt besonders für den Bau der „Orang-erie", der neuen Orang-Utan-Anlage im ältesten Palmenhaus im Schönbrunner Schlossgarten, die ab Sommer 2009 für Besucher zugängig sein soll.

Der Wald im Südteil des Tiergartens stellt seit der Eingliederung des Tirolerhofareals hingegen den Anspruch, den als Landschaftsschutzgebiet ausgewiesenen Ausläufer des Biosphärenparks Wienerwald als Refugium für heimische Wildtiere zu erhalten, aber gleichzeitig für den Besucher erlebbar zu machen. Mehr noch als bisher soll das mit dem Bau des „Naturerlebnispfads" gelingen, der durch die Baumkronen und entlang großer Freilandaquarien bis zum Lebensraum Schilfgürtel des Donau-Deltas führen wird – ein ehrgeiziges Projekt, von dem Teile bereits 2008 in Betrieb gehen werden.

Der Tiergarten in seiner Position als Tierschutzinstitution wird mit dem „Heimtierpark" verstärkt, der ebenfalls 2008 fertig gestellt werden soll. Hier sollen Kinder, aber auch Erwachsene Wissenswertes lernen, um ihr Heimtier besser zu verstehen und auf seine Bedürfnisse eingehen zu können.

In den 255 Jahren seines Bestehens hat es der Tiergarten Schönbrunn geschafft, sich von einer kaiserlichen Menagerie und Tiersammlung zu einer der größten Tourismusattraktionen Österreichs und zu einem der bevorzugten Naherholungsgebiete der Wiener zu entwickeln sowie zu einem wichtigen Partner im Natur- und Artenschutz. Der Tiergarten Schönbrunn ist heute nicht nur ein Fenster zur Natur für seine Besucher, sondern auch Kooperations- und Ansprechpartner für Behörden und andere zoologische Einrichtungen. Seine Aufgaben sind vielfältig – eine der vornehmlichsten jedoch wird immer die bleiben, seine Besucher mit der Schönheit und Einzigartigkeit der Tier- und Pflanzenwelt zu faszinieren.

Den besonderen Charme des Tiergarten Schönbrunn macht wohl das Zusammenspiel von modernen Anlagen und historischen Elementen aus. Der alte Bärenzwinger, der für eine zeitgemäße Tierhaltung ungeeignet war, kann nun von Besuchern betreten werden und beherbergt einen Bronzelöwen als Spielelement.

Integriert in die Parkanlage des Schlosses Schönbrunn spielen gärtnerische Gestaltungselemente im Tiergarten nach wie vor eine große Rolle. Blüten in allen Formen und Farben bezaubern und erwecken die historischen Gebäude zum Leben.

Der Teich vor dem Direktionsgebäude, in der 13. Loge der Menagerie, ist nicht nur Gartengestaltungselement, sondern auch Anziehungspunkt für Libellen, Teichfrösche und diverse Wildvögel.

Der Waldrapp ist einer der am meisten bedrohten Vögel der Welt und Teil eines Erhaltungszuchtprogramms. Der Tiergarten Schönbrunn beteiligt sich an mehreren Projekten, die sich mit einer möglichen Wiederansiedelung in Gebieten beschäftigen, in denen er ursprünglich heimisch war.

Der Tiergarten heute

Tiererlebnis im Netzwerk von Natur- und Artenschutz

Ein Tiergarten ist kein Museum. Nur ungern lassen sich heute Tiergärten als „zoologische Sammlungen" bezeichnen. Tiere machen Tiergärten lebendig, und eine kontinuierliche Entwicklung von neuen Zookonzepten und eine sich immer wieder verändernde Artenzusammensetzung beeinflussen auch ihr Erscheinungsbild. Tradition in der Tierhaltung heißt langjährige Erfahrung, aber meist ebenso die Konfrontation mit „Altlasten", wie Tieranlagen, die nicht mehr dem neuesten Stand entsprechen. Gute Wurzeln bedeuten jedoch immer Potenzial für Wachstum. Diese Philosophie hat man sich im Tiergarten Schönbrunn zu Herzen genommen. Jeder der in Schönbrunn amtierenden Tiergarten-Direktoren hat sich nach bestem Wissen und Gewissen bemüht, seine Vorstellungen im Sinn der Tiere und der Menschen umzusetzen. Ihre Arbeit hat den Tiergarten Schönbrunn zu dem gemacht, was er heute ist: eine zeitgemäße Tierhaltung, eingebunden in internationale Zoo-Organisationen, die größte Bildungsinstitution des Landes und Partner im Tier- und Artenschutz. Die Säulen jedes Tiergartens sind jedoch die Tierpfleger, die mit viel Enthusiasmus, Lernbereitschaft, Wissen und Kreativität, vor allem aber Liebe zum Beruf und zu den Tieren zum Erfolg jedes Zookonzepts wesentlich beitragen.

Zurzeit beherbergt der Tiergarten Schönbrunn etwa 8500 Tiere aus über 500 Arten. Nur ein geringer Teil davon sind Säugetiere und Vögel. Den Großteil bilden Fische und wirbellose Organismen wie Insekten, Quallen oder die unterschiedlichsten Korallen. Von den etwa 200 in Schönbrunn gepflegten höheren Wirbeltierarten sind viele vom Aussterben bedroht. Diesen Arten gilt die größte Aufmerksamkeit der Tiergärtner. 52 von ihnen sind in internationale Erhaltungszuchtprogramme eingegliedert. Der Tiergarten verzichtet dabei auf sein Eigentumsrecht an den Tieren. Ein Zuchtbuchkoordinator entscheidet über die Abgabe von Jungtieren und welche Zusammensetzung von Tieren genetisch am günstigsten für den Erhalt der Art ist. Sie können dann, wenn nötig, für Wiederansiedelungsprojekte zur Verfügung gestellt werden. So übersiedelten bereits Alpensteinböcke, Przewalski-Pferde oder Bartgeier vom Tiergarten Schönbrunn in die freie Wildbahn. Auch unsere Waldrappe befinden sich in Projekten in Marokko und in Europa, in denen Untersuchungen über deren mögliche Wiederansiedelung stattfinden. Darüber hinaus wird ein Teil der Eintrittsgelder unserer Besucher für die finanzielle Unterstützung solcher engagierter Natur- und Artenschutzprojekte im Freiland verwendet. Diese Kombination ist es, die den Tiergarten zu einem starken Partner im Natur- und Artenschutz macht.

Neben dem Artenschutzgedanken dient die Tierhaltung im Tiergarten Schönbrunn vor allem Bildungszwecken. Selten bedacht, aber wahr: oft befinden sich mehr Menschen im Tiergarten als Tiere. Sie kommen aus unterschiedlichen Beweggründen. Alle wollen eine schöne Zeit erleben, und die Tiergarten-Mitarbeiter wollen

das Interesse für die Tiere und die Liebe zu den Tieren wecken. Kein Tierfilm kann die Begegnung mit dem lebenden Tier ersetzen. Neben den optischen Eindrücken regen Laute und Gerüche Sinne an und wecken Emotionen. Wie weit man zu einer Giraffe aufschauen muss oder wie schnell ein Gepard tatsächlich läuft, kann man nur begreifen, wenn man ganz nahe am Tier ist. Tiergärten sind die größte Biologieklasse des Landes und bieten Menschen jeder Altersgruppe einen eigenen Lehrplan. Darauf findet man Tierschutz im Heimtierbereich ebenso wie den Schutz heimischer Wildtiere oder globale Problemstellungen wie Klimaveränderungen, Lebensraumeinschränkung oder Umweltverschmutzung.

Tiere im Tiergarten Schönbrunn sind auch Akteure in vielen Forschungsprojekten. Sie liefern wertvolle Grundlagen zum Verständnis der Tierart: Wie verständigen sich Elefanten untereinander? Wie sehen Große Pandas? Oder wie lernen Papageien, komplexe Aufgaben zu lösen? Sie geben uns Einblick in ihr Verhalten: Welche Rolle spielen Gibbonväter bei der Jungtieraufzucht? Welche Vorlieben haben Große Pandas bei der Wahl ihres Futterbambus und wovon sind diese abhängig? Und wie laufen ritualisierte Rangkämpfe bei den Mähnenrobben ab? Tiere helfen uns auch, die Tierpflege zu verbessern: Welcher Untergrund ist in der Anlage für zarte Nashornfüße am besten geeignet? Wie imitiere ich am besten die Futtersuche in freier Wildbahn bei Krallenaffen? Wie plane ich den Pflegeralltag bei den nachtaktiven Koalas, ohne sie beim Schlafen zu stören? Sie bieten aber vor allem die Möglichkeit, Forschung für den Artenschutz zu betreiben: So testen wir Methoden, um zu erforschen, welchen und wie viel Bambus ein Großer Panda im Freiland zum Fressen braucht. Wir entwickeln Infraschall-Warngeräte, um damit den oft tödlichen Mensch-Elefant-Konflikt in Sri Lanka zu verhindern. Und wir lernen auch Korallen, Amphibien und andere bedrohte Tiere erfolgreich nachzuzüchten, um sie wiederansiedeln zu können.

Wir können und müssen sorgfältig mit den Tieren dieser Welt umgehen und rücksichtsvoll die Möglichkeiten zu Bildung, Forschung und Artenschutz im Tiergarten nützen. Dabei lernen wir Menschen aber auch das Allerwichtigste: wie schön und vielfältig, wie einfallsreich und einzigartig und wie bizarr und skurril die Natur in ihren Formen und Ausprägungen ist.
Tiere faszinieren und erstaunen uns und machen uns bewusst, dass wir für ihr Wohlergehen – im Tiergarten wie im Freiland – verantwortlich sind.

Seit Anfang des 20. Jahrhunderts galt der Bartgeier in den Alpen als ausgestorben. Einem Wiederansiedelungsprogramm unter Beteiligung vieler europäischer Tiergärten gelang es in den letzten 30 Jahren, diesen Aasvogel bei uns wieder heimisch zu machen. So schlüpfte bereits die zweite Generation an Jungvögeln im Freiland, deren Ursprung auf Zoovögel zurückgeht. Mehr als 140 Bartgeier kreisen nun wieder im Alpenraum.

Für viele Tierpfleger im Tiergarten Schönbrunn ist ihr Beruf Berufung. Sie sind verantwortlich für das tägliche Wohlergehen von hunderten von Tierarten mit den unterschiedlichsten Ansprüchen und Bedürfnissen. Das erfordert neben viel Fachkenntnis auch das richtige Fingerspitzengefühl.

Die Geburt von Jungtieren, besonders von bedrohten Tierarten, und deren erfolgreiche Aufzucht basiert nicht zuletzt auf der gewissenhaften Arbeit unserer Pfleger. Der direkte oder indirekte Kontakt zum Tier ermöglicht es ihnen, den Gesundheitszustand ihrer Schützlinge richtig einzuschätzen, und entschädigt oft auch für die Mühen der täglichen Routinearbeiten.

Im Jahr 2007 hatte der Tiergarten Schönbrunn mit der Geburt eines Großen Pandas eine zoologische Sensation zu verzeichnen. Nach natürlicher Paarung wurde am 23. August Fu Long, der „Glücksdrache", geboren und von Mutter Yang Yang ohne menschliche Hilfe aufgezogen. Er ist seit 1982 der erste Panda-Nachwuchs in Europa und schon jetzt Liebling der Zoobesucher.

Fu Long bekam von dem Rummel, den er auslöste, lange nichts mit. Bis zum Alter von fast fünf Monaten befand er sich in seiner Wurfbox, abgeschottet von der Außenwelt, legte zwischen den einzelnen Milchmahlzeiten lange Nickerchen ein und musste zuerst einmal Laufen lernen – ein volles Tagesprogramm für einen jungen Panda. Nun wartet schon die nächste Aufgabe auf ihn: Bambus fressen, anstatt mit ihm zu spielen!

Auch erwachsene Pandabären verbringen den Großteil ihres Tages mit Fressen und Schlafen. Bis zu 30 kg Bambus frisst ein ausgewachsener Bär. Dabei wählt er durch sorgfältiges Riechen die schmackhafteste Art aus, sammelt die Blätter büschelweise in der Pfote und verzehrt sie genüsslich.

Besonders possierlich macht den Großen Panda neben seiner Fellzeichnung und den Puschelohren der große runde Kopf. Dort setzt die kräftige Kaumuskulatur an, die es ihm ermöglicht, selbst dicke Bambushalme mühelos zu knacken. Wie bei vielen anderen bedrohten Tierarten ist die Lebensraumeinschränkung in seiner Heimat China für seine Gefährdung hauptverantwortlich.

Koalas gehören zu den eher verschlafenen, aber trotzdem beliebten Tierarten. Sie sind Beuteltiere und kommen nur in Australien vor. Die drei Unterarten unterscheiden sich in Felllänge und Körpergröße. Der Queensland Koala, der im Tiergarten Schönbrunn gepflegt wird, ist eine der kleineren Unterarten mit kurzem Fell.

Die putzigen Baumkronenbewohner sind im Freiland vielen Gefahren ausgesetzt. Die größte Bedrohung ist die Abholzung der Eukalyptuswälder, damit der Mensch das Land nutzen kann.

Koalas verbringen fast ihr ganzes Leben auf Eukalyptusbäumen. Mit ihren langen Krallen und dem gefleckten und gepolsterten Hinterteil sind sie optimal an das Leben auf Ästen hoch über dem Boden angepasst.

Koalas ernähren sich ausschließlich von Eukalyptus. Diese Pflanzenart ist eigentlich giftig, manchmal sogar für den Koala. Um seine Genießbarkeit zu beurteilen wird jeder Trieb ausgiebig beschnuppert, bevor er verspeist wird.

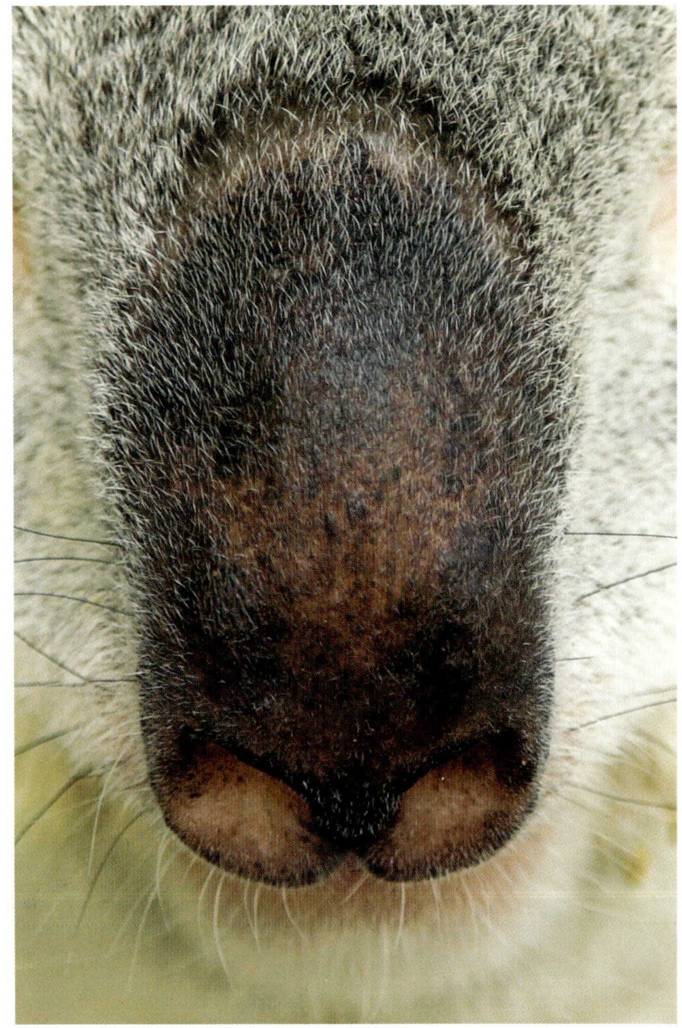

Flusspferde mit ihren mächtigen walzenförmigen und tonnenschweren Körpern gehören zu den Lieblingen vieler Zoobesucher. Besonders eindrucksvoll kommen ihre Hauer, ihre Angriffs- und Verteidigungswaffen, zur Geltung, wenn sie das Maul in Drohstellung öffnen, um Gegner einzuschüchtern. Ist diese Maßnahme erfolglos, tragen die Männchen untereinander stundenlange erbitterte Kämpfe aus, deren Regeln sie schon während des Aufwachsens im Spiel erlernen.

Unnötige Anstrengungen werden allerdings auch von den Flusspferden vermieden. Den langen Fressphasen, bei denen die Pflanzenfresser Unmengen an Gras, Heu, Obst und Gemüse zu sich nehmen, folgen ausgedehnte Ruhephasen.

Durch ihre Köperform sind Flusspferde nicht an strömungsreiche, reißende Flüsse angepasst, sondern eher an stehende, stille Gewässer. Regelmäßige, ausgedehnte Bäder sind zur Pflege ihrer dicken Haut unerlässlich.

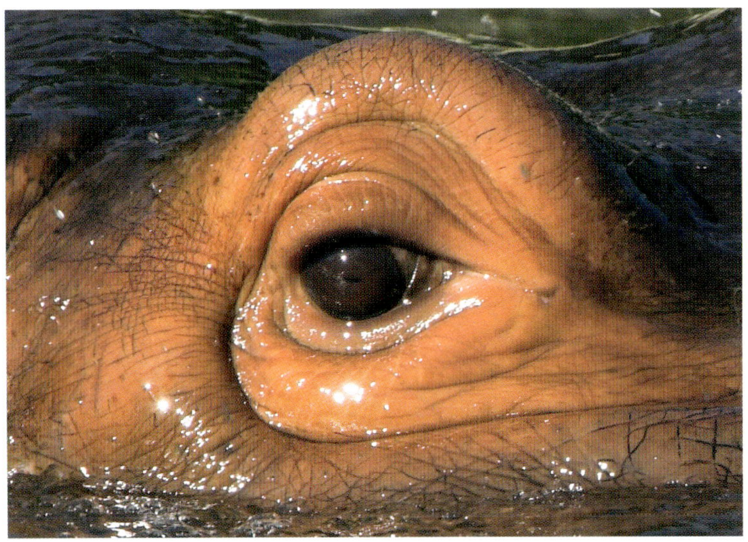

Die Anordnung ihrer Ohren, Augen und Nasenlöcher in einer Linie ermöglicht es diesen Kolossen, fast vollständig unter Wasser zu bleiben, während sie ihre Umgebung beobachten. Sehsinn und Gehör sind ausgesprochen gut ausgeprägt und so nehmen sie jeden Eindringling in ihr Revier sofort wahr.

Großkatzen faszinieren uns Menschen mit furchteinflößender Rohheit und unberechenbarer Kraft, gepaart mit den vertrauten Verhaltensweisen, die denen unserer Hauskatzen ähneln. Der Löwe ist die einzige Katze, die brüllen kann. Das Gebrüll eines Löwen ist eindrucksvoll und auf viele Kilometer hin hörbar. Es dient dazu, sein Revier akustisch zu markieren und Konkurrenten zu warnen.

Der Löwe unterscheidet sich von den anderen Großkatzen durch die Ausbildung einer Halsmähne beim Männchen, die mehr oder weniger stark ausgeprägt ist und als Schutz bei Kämpfen dient.

Im Löwenrudel herrscht Aufgabenteilung. Löwenmännchen verteidigen ihr Rudel, Weibchen jagen einen Großteil der Beute. Bis zu 18 kg Fleisch frisst ein ausgewachsener Löwe am Tag.

Ins Tigerauge zu blicken, ist faszinierend wie furchterregend zugleich. Der Sibirische Tiger ist die größte Raubkatze der Welt. Seine Sinne sind für die Jagd besonders gut ausgeprägt. Der große Kopf beeindruckt mit einem ausgesprochen kräftigen Gebiss, das selbst dicke Knochen knacken kann.

Der Sibirische Tiger hat kaum Feinde und kann sich deshalb entspannt der Fellpflege widmen. Er ist nur durch den Menschen und vor allem durch Lebensraumeinschränkung und Wilderei bedroht. Sein Bestand im Freiland ist geringer als in zoologischen Haltungen. So gut wie allen seiner Körperteile wird Heilwirkung in der traditionellen chinesischen Medizin zugeschrieben. Diese Umstände treiben Nachfrage und Schwarzmarktpreise in die Höhe.

Jungtiere sind sehr verspielt. So können sie verschiedene Verhaltensweisen, die für ihr späteres Überleben wichtig sind, an ihren Geschwistern und Eltern ausprobieren und deren Konsequenzen erfahren. Sie bleiben normalerweise bis zu vier Jahre in der Familie.

Ob Streifen, Tupfen oder Rosetten, die Fellzeichnungen der Großkatzen unterscheiden sich je nach Art, haben aber alle die gleiche Bedeutung. Durch sie verschwimmen die Umrisse der Tiere in der Landschaft und sie sind die perfekte Tarnung im Licht- und Schattenspiel der Sonne.

Im Verhältnis zu ihrem relativ kleinen Kopf, der dem der Hauskatzen sehr ähnlich ist, haben Geparde ausgesprochen große Augen. Durch ihren scharfen Sehsinn erspähen sie ihre Beute von erhöhten Positionen aus schon von Weitem.

Geparde sind Hetzjäger der afrikanischen Trockensavanne. Ein Zusammenspiel von hoher Sauerstoffzufuhr durch weite Nasenlöcher, großen Lungen, langen Beinen und stromlinienförmigem Körper ermöglicht Geschwindigkeiten von mehr als 100 km/h. Dafür sind sie sehr schlechte Kletterer.

Geparde sind geselliger als viele andere Katzen. Besonders junge Brüder und Mütter mit Jungtieren bilden oft kleinere Gruppen. So ruhen sie auch gemeinsam. Kontaktliegen mit Blick in unterschiedliche Richtungen sorgt für einen guten Überblick.

Die kraftvollste Katze ist wohl der gedrungene, stämmig gebaute südamerikanische Jaguar. In einem Wurf können unterschiedliche Farbvarianten auftreten, die typisch gefleckte, genauso wie die schwarze Variante, aber selbst diese zeigt bei richtigem Lichteinfall noch immer dieselbe Musterung der Rosetten und Tupfen.

Fellpflege gehört wie bei allen Katzen auch bei Jaguaren zum Verhaltensrepertoire. Wird sie gegenseitig durchgeführt, hat sie immer soziale Bedeutung. Sie tritt besonders häufig zwischen Mutter und Jungtier auf, aber genauso zwischen Geschwistern.

Der südamerikanische Nandu ist dem afrikanischen Strauß sehr ähnlich, aber nicht mit ihm verwandt. Durch sein gutes Sehvermögen und ausgezeichnetes Gehör kann er in den Grassteppen Südamerikas Feinde schon frühzeitig wahrnehmen und mit großen Laufschritten fliehen. Beim Nandu kümmert sich der Hahn um die Jungtieraufzucht. Er baut die Nestgrube, brütet die Eier aus, führt die Küken die ersten sechs Monate und verteidigt sie gegenüber Angreifern.

Wasserschweine oder Capybaras sind perfekt auf ein Abtauchen im Wasser angepasst. Ohren und Nasenöffnungen sind verschließbar, Schwimmhäute zwischen den Zehen erleichtern das Schwimmen. So flüchten sie geschickt vor Feinden oder kühlen sich in Schlammlöchern ab.

Wasserschweine sind, entgegen ihres Namens, die größten Nagetiere der Welt und eng mit den Meerschweinchen verwandt. Die Familien werden von dominanten Männchen geführt, die eine deutlich erkennbare Duftdrüse am Nasenrücken besitzen. Durchschnittlich werden vier Jungtiere geboren, die ausgesprochene Nestflüchter sind. Sie wiegen bei der Geburt bereits 1,5 kg, sind vollständig behaart und fressen schon nach kurzer Zeit Gras wie ihre Eltern.

Die Wiener Hochflieger bieten im Tiergarten Schönbrunn ein besonderes Schauspiel. Bis zur Mitte des 20. Jahrhunderts eine weit verbreitete Freizeitbeschäftigung der Wiener, „jauken" heute bei Schönwetter nur noch die Tauben weniger Liebhaber in geschlossenen Formationen hoch über der Stadt. Mit temperamentvollem Kippen und Achterwerfen tanzen die Tauben Walzer am Himmel und schrauben sich in stundenlangen Flügen bis in Höhen von 800–1000 Meter.

Der nordamerikanische Baumstachler oder Urson weist trotz seines Aussehens keine Verwandtschaft mit Stachelschweinen auf. Die Stacheln dienen allerdings auch ihm im Notfall zur Verteidigung. Sie lösen sich bei Schlägen mit dem kräftigen Schwanz leicht aus der Haut und bohren sich mit kleinen Widerhaken tief in das Fleisch des Angreifers.

Baumstachler sind ausgesprochen gute, waghalsige Kletterer, die nur selten die sicheren Astgabeln verlassen. Wozu denn auch? Laub, Triebe, Zweige und Rinde als ihre Hauptnahrung gibt es in der Höhe genug. Nur die Partnersuche zwingt sie dazu, sich auf den Boden zu begeben.

Die urzeitlichen Panzernashörner sind im sumpfigen Tieflandregenwald von Nepal und Indien zu Hause. Wohltuende Schlammbäder gehören dort wie auch im Tiergarten Schönbrunn zur Körperpflege und bieten Schutz vor Hitze und Hautparasiten.

Unglaublich, wie geschickt die grauen Riesen Gräser wie Bambus oder Mais mit ihren beweglichen Oberlippen aufnehmen und manipulieren können! Fressen macht sowohl im Freiland, als auch im Tiergarten Schönbrunn den Großteil ihrer Tagesbeschäftigung aus.

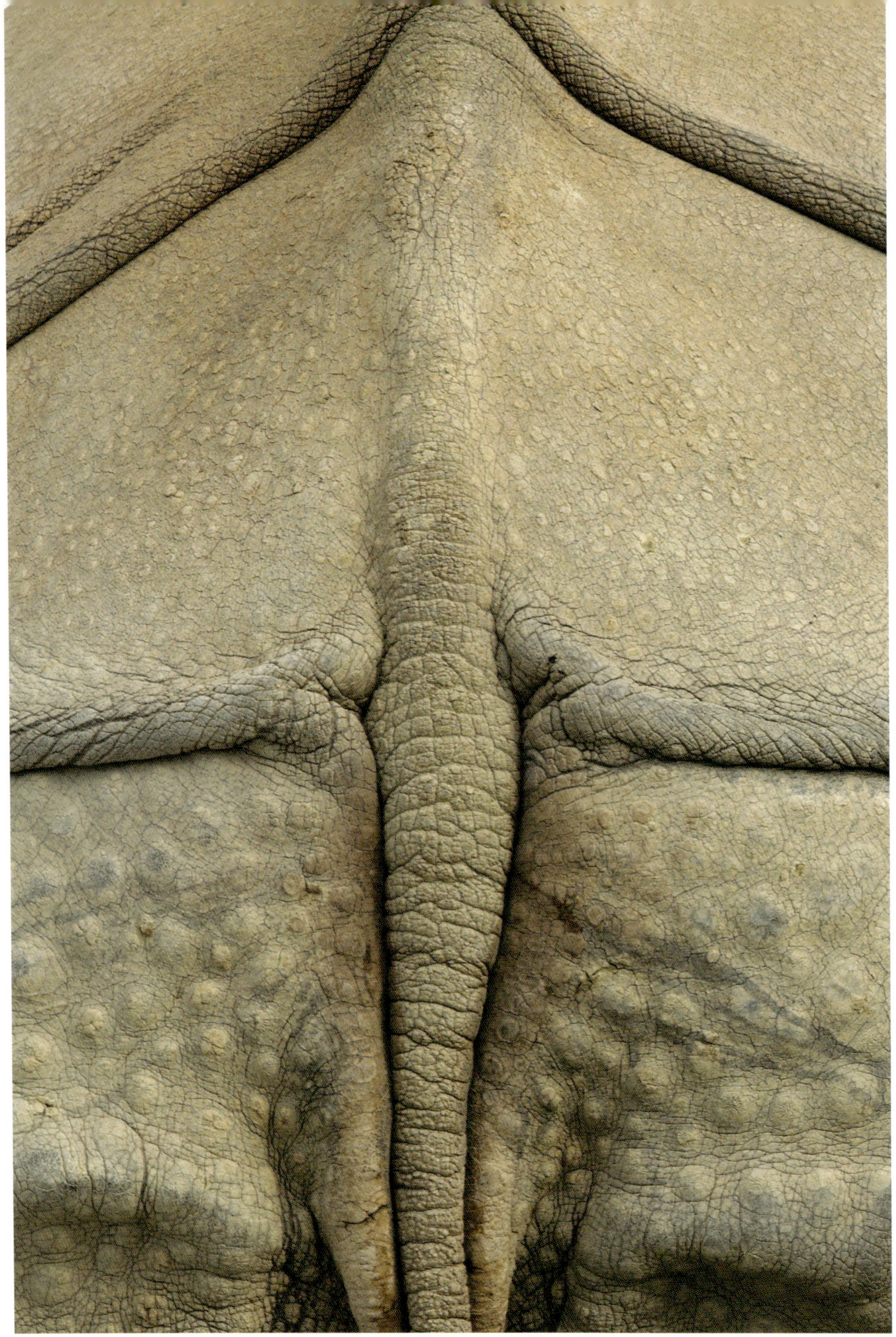

Die Haut der Panzernashörner erscheint hart und widerstandsfähig und erinnert an mit Nieten verschweißte Panzerplatten. Das täuscht – die Tiere ziehen sich leicht immer wieder kleine Kratzer und Schrammen zu, wenn sie durchs Unterholz streichen.

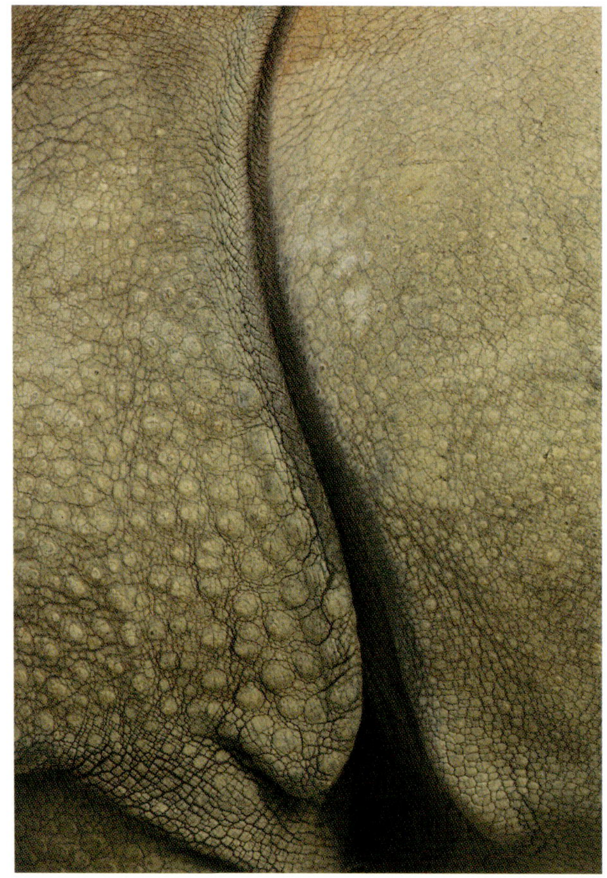

Alle ähnlich und doch verschieden – der afrikanische Mähnenspringer, der japanische Serau und der Himalaya Tahr kommen in unterschiedlichen Erdteilen vor, sind genauso trittsicher und geländegängig wie die heimische Gämse und gehören wie sie auch zu den Ziegenverwandten.

Wie viele andere Tiere können auch Himalaya Tahre durch „Flehmen" chemische Signale ihrer Artgenossen wahrnehmen. Das Hochziehen der Oberlippe erleichtert den Zutritt der Luft zum Jacobschen Organ, wo diese analysiert wird. Deren Inhaltsstoffe geben Auskunft über den Fortpflanzungsstatus potenzieller Partner.

Berberaffen leben in Sozialverbänden mit strikter Rangordnung, die sich auch in gegenseitiger Körperpflege ausdrückt. Ungewöhnlich bei Affen – sogar die Männchen pflegen freundschaftliche Beziehungen untereinander.

Primaten faszinieren uns Menschen mit der scheinbaren Ähnlichkeit ihrer Ausdrucksweise zu unserer eigenen. Stundenlang kann man wohl den geschäftigen Makaken beim Grimassenschneiden und ihrer Kommunikation untereinander zusehen.

Jungtieren kommt in der Berberaffengruppe besondere Bedeutung zu. Da sich die Weibchen mit mehreren Männchen paaren, kümmern sich auch alle potentiellen Väter um die Jungen. Mütter übergeben sie oft stundenlang an Männchen, die die Jungtiere dann umsorgen. Sie nutzen sie auch, um Rangunterschiede untereinander zu überwinden und miteinander in Kontakt zu treten.

Berberaffen sind Allesfresser, die Früchte, Blätter, Kräuter, Knospen und Wurzeln, aber auch gelegentlich Insekten zu sich nehmen. Jungtiere knabbern schon früh an anderen Nahrungsmitteln, werden aber bis zu einem Alter von etwa 6 Monaten gesäugt.

Der Krauskopfpelikan brütet in Europa heute noch in kleinen Kolonien im Donau-Delta. Sein Name ist auf die gekräuselten und verlängerten Federn an Kopf und Hals zurückzuführen. Das ganze Jahr über glänzt sein weißes Gefieder in einem silbrigen Schimmer, aber besonders schön macht ihn die kräftig orange Färbung des Kehlsacks zur Balzzeit.

Das auffälligste Körpermerkmal der Pelikane ist wohl ihr mächtiger Schnabel. Der Unterschnabel besteht aus zwei dünnen Unterkieferästen und einem weiten, stark dehnbaren Hautsack. Der Oberschnabel bildet den Deckel dazu. In dieser Konstruktion ist er vielseitig einsetzbar und wird zum Fischen genauso eingesetzt wie zur Regulierung der Körpertemperatur oder bei der Balz.

Auch zum Festhalten am Partner
bei der Paarung ist der Schnabel
der Krauskopfpelikane äußert
hilfreich. Krauskopfpelikane brüten
ausschließlich in Kolonien und
ziehen meist nur ein Jungtier auf,
das bereits nach wenigen
Wochen selbständig ist.

Pelikane und Kormorane zählen zu der zoologischen Ordnung der Ruderfüßer. Bei beiden besteht die Hauptnahrung aus Fisch. Ihre Fangmethoden unterscheiden sich jedoch. Während Kormorane ihr Futter tauchend erbeuten, treiben Pelikane oft durch Flügelschläge Fische ins seichte Wasser und fangen sie dann dort.

Im Schlichtkleid ist bei den heimischen Kormoranen das gesamte Gefieder schwarz gefärbt und der dehnbare Kehlsack unauffällig gelb. Das Prachtkleid zur Brutzeit hingegen besteht aus leuchtend orangen Hautpartien und einer Federhaube aus weißen Schmuckfedern.

Durch das „Flaggen" bei der Balz lädt das Männchen zur Paarung ein. Dabei wird der gefächerte Schwanz nach oben gehalten, die Flügel werden halb entfaltet und Kopf und Hals senkrecht nach oben gestreckt.

Das Regenwaldhaus

Auf Entdeckungsreise im „Regenwald von Borneo"

Feuchte Schwüle, intensives Grün, Tropenregen, Gewitter und Vogelgezwitscher aus allen Winkeln erwarten den Besucher, wenn er in das einzigartige Ökosystem des Regenwaldhauses vordringt. Versetzt in eine andere Welt, erlebt er mit allen Sinnen exotische Blätterdächer und farbenprächtige Bewohner und erfährt die Vielfalt und Komplexität eines Regenwaldes am eigenen Leib. Auf einer Fläche von 1100 m^2 in drei Ebenen zeigen 400 Pflanzen- und etwa 60 Tierarten, darunter Vögel, Fische, Amphibien, Reptilien, Säugetiere und Insekten, einen kleinen Ausschnitt aus einer uns fremden Welt. Vielen davon begegnet man freilebend auf Hängebrücken, verwinkelten Wegen oder in Tropfsteinhöhlen, alles überdacht von einer futuristischen Glaskuppel.
Dass hinter einem scheinbar mühelos funktionierenden Zusammenspiel aller vorhandenen Elemente moderne, ausgeklügelte Technik steht, ahnen nur die Wenigsten – aber sie ist Grundlage für den Erfolg des Konzepts und ermöglicht es, den einen oder anderen Besucher von der Einzigartigkeit und Notwendigkeit des unberührten Fortbestands der noch vorhandenen Regenwälder weltweit zu überzeugen.

Das Regenwaldhaus ist wohl eines der ehrgeizigsten und größten Projekte, das seit Bestehen des Tiergartens umgesetzt wurde.
Der Regenwald von Borneo lebt hier unter einer dreifach abgesetzten Glaskonstruktion und bildet einen abgeschlossenen Lebensraum mit südostasiatischen klimatischen Bedingungen, den dort heimischen tropischen Pflanzen, mikroskopisch kleinen Bodenorganismen und freilebenden Tieren, die Luft, Boden und Dickicht bevölkern. Die Herausforderung beim Bau lag darin, dass alle Tier- und Pflanzenarten einen geeigneten Lebensraum vorfinden müssen, der möglichst kostengünstig zu betreiben ist. So wurde das gesamte Haus nordseitig ausgerichtet um eine Überhitzung im Sommer zu vermeiden und ein System von ausgeklügelten technischen Einrichtungen entwickelt. Filterbecken, Heizsysteme, Hochdrucknebelanlagen, Beregnungsanlagen, automatische Temperaturkontrollen, Frischluftklappen und vieles mehr stellen die klimatischen Bedingungen von 25° C bis 35° C und einer Luftfeuchtigkeit von etwa 80 % sicher. Fast die gesamten technischen Einrichtungen sowie Quarantänebecken und -volieren verschwinden unterirdisch im Berghang und werden vom

Tiergartenbesucher nicht wahrgenommen, können allerdings auf Wunsch im Rahmen einer Führung besucht werden.

Die Bepflanzung des Regenwaldhauses stellte für unsere Gärtner eine besondere Herausforderung dar, da mit der Einschränkung auf Borneo ein enger geographischer Rahmen vorgegeben war. Und die unscheinbaren Pflanzen, die einen Großteil des grünen Dschungels ausmachen, findet man nicht in österreichischen Blumenläden. So wurden mehrere Hundert Pflanzenarten unter strengsten Auflagen der österreichischen Behörden direkt aus Borneo importiert, zunächst wegen möglicher Krankheiten und Parasiten in

Quarantäne gesetzt und dann liebevoll arrangiert. Falllaub, Schnittgut und abgestorbene Pflanzen verblieben zum Teil von Anfang an im Haus und werden an Ort und Stelle von speziell eingebrachten Bodenorganismen in nährstoffreiche Erde umgewandelt. Je nach Bereich findet man aber auch uns bekannte Pflanzenarten wie Ficus, Bambus-Arten, Palmen und Mangroven sowie Nutzpflanzen wie Bananen, Kakao, Reis, Jackfruit, Guave oder Mango und Gewürze wie Vanille oder Pfeffer. Mit guter Planung und überlegter Einrichtung haben es unsere Gärtner geschafft, aus dem Regenwaldhaus mit seiner Pflanzenwelt ein sich selbst regulierendes ökologisches System zu schaffen, bei dem nur eingegriffen wird, wenn es droht, aus dem Gleichgewicht zu geraten.

Ob viel oder wenig Zeit – das Regenwaldhaus ist auf jeden Fall einen Besuch wert. Neben der beeindruckenden Geräuschkulisse von fast 30 freifliegenden Vogelarten kann man bei genauer Beobachtung Weißbart-Ruderfrösche, Schwarznarbenkröten oder Indische Ochsenfrösche, Schuppenfingergeckos, Borneo-Langschwanzagamen, Winkelkopfagamen und natürlich Riesenflughunde frei in der Halle entdecken. Aber selbst bei einem nur kurzen Rundgang, vorbei an einem Wasserfall, entlang der Mangrovenküste in den Bergregenwald, durch die Baumkronen bis zu den Reisterrassen, kann man drollige Kurzkrallenotter, scheue Kleinkantschile, bizzare Callagur-Schildkröten, kulleräugige Schlammspringer, riesige Gespenstschrecken, geschmeidige Tigerpythons und flinke Bergtupajas entdecken.
Eine neue Attraktion im Regenwaldhaus sind zweifelsohne die Fidschi-Leguane. In ihrer kleinen und eng begrenzten Heimat auf Fidschi und Tonga bedrohen Waldrodungen, aber auch Fressfeinde wie Hauskatzen ihren Bestand. Nachzuchten in Menschenobhut sind schwierig, aber im Tiergarten Schönbrunn erfolgreich.

Das Regenwaldhaus im Tiergarten Schönbrunn ist ein gelungenes Beispiel der Darstellung eines komplexen Lebensraums, unterstützt durch fast unsichtbare Technik. Es erlaubt unzählige Besuche, bei denen man immer wieder Neues entdecken kann, und dient als Botschafter für alle Regenwälder, denn Regenwälder sind unsere Wettermacher und unsere Schatzkammer. Sie brauchen unseren Schutz und unsere Hilfe, zu unserem eigenen Vorteil.

Die Borneo Langschwanzagame wird auch als Borneo Schönechse bezeichnet – und dieser Bezeichnung wird sie durchaus gerecht. Schlank und zierlich, mit einem langen Schwanz als Steuerelement bei Sprüngen zwischen den Ästen des tropischen Regenwaldes, präsentiert sie sich im Regenwaldhaus. Ihr Sehsinn ist besonders gut ausgeprägt, da Agamen durch Veränderung der Körperhaltung und Kopfnicken kommunizieren.

Die grasgrün und hellblau gebänderten, schlanken Männchen der Fidschi-Leguane zählen nicht nur bei Liebhabern zu den schönsten Echsen der Welt.

Im dicht bewachsenen Regenwald herrscht bei den Pflanzen große Konkurrenz um das lebensnotwendige Sonnenlicht. Andererseits schafft das Blätterdach für die darunter lebenden Pflanzen und Tiere ein angenehmes Kleinklima mit einer höheren Luftfeuchtigkeit.

Riesenflughunde erreichen eine Flügelspannweite von 140 cm. Sie sind Fruchtfresser und, anders als Fledermäuse, auch teilweise tagaktiv. In den Ruhephasen hängen die Flughunde in Gruppen kopfüber an kahlen Ästen. Als Witterungsschutz werden die Flughäute wie ein Mantel eng um den Körper geschlungen.

Im tropischen Klima des Regenwaldhauses blühen zu jeder Jahreszeit, gleich neben dem Besucherweg oder versteckt in den vielen Winkeln, unzählige Pflanzen. Deren Blüten sind neben der bunten Vogelwelt kleine und große Farbkleckse im Dickicht.

Pflanzenliebhaber und Detailverliebte kommen hier auf ihre Rechnung. Die Formenvielfalt der Blätter, der Lichteinfall und die unterschiedlichsten Schattierungen eines satten Regenwaldgrüns bezaubern den Besucher.

Zweifarben-Fruchttauben, Blaukrönchen mit ihrem blitzblauen Federschopf und Schwärme von Reisfinken durchstreifen das Regenwaldhaus. Jede Vogelart findet ihre Nische, ob in den Baumkronen oder auf den Reisterrassen. Besonders die Blaukrönchen zeigen ihre Kunststücke an den Futterstellen. Kopfüber naschen die geschickten Kletterer an Obst und Hirserispen. Nach Art der Fledermäuse hängen sie sogar zum Schlafen kopfüber an Ästen.

Familienbande bei den afrikanischen Zebramangusten sind stark. Bis zu 30 Tiere bilden eine Sippe, in der die einzelnen Tiere unterschiedliche Aufgaben übernehmen. Das Sozialverhalten ist sogar so ausgeprägt, dass schwache und kranke Tiere mitversorgt und so gut wie möglich in das Familienleben integriert werden.

Bei den sonst so geschäftig umhertrippelnden Zebramangusten kehrt erst Ruhe ein, wenn die Temperaturen sinken. Dann kuscheln sie sich eng zusammen um Energie zu sparen und sich gegenseitig zu wärmen.

Da sich Eisbären in zoologischen Haltungen nicht um Beutefang kümmern müssen, nutzen hier auch erwachsene Tiere ihre Zeit zum Spiel. Allerdings muss das Spielzeug dementsprechend groß und stabil sein, um dem kräftigen Gebiss dieser Fleischfresser einigermaßen standhalten zu können.

Als ausgezeichnete Schwimmer legen Eisbären weite Strecken mit einer Geschwindigkeit von bis zu 5 km/h zurück. Eine dicke Fettschicht isoliert dabei ihren Körper gegen das eisige Wasser.

Da sich Eisbären in zoologischen Haltungen nicht um Beutefang kümmern müssen, nutzen hier auch erwachsene Tiere ihre Zeit zum Spiel. Allerdings muss das Spielzeug dementsprechend groß und stabil sein, um dem kräftigen Gebiss dieser Fleischfresser einigermaßen standhalten zu können.

Der Brillenbär ist der einzige Bär Südamerikas und vom Aussterben bedroht. Die charakteristische Gesichtszeichnung, die „Brille", ist bei jedem Tier verschieden. Auf kurze Aktivitätsphasen folgen lange Ruhephasen. Selbst der Paarungsakt gestaltet sich sehr entspannt. Innerhalb einer Woche, im April bis Juni, kommt es zu mehreren Kopulationen, aus denen bis zu drei Jungtiere hervorgehen.

Brillenbären sind ausgezeichnete Kletterer. Als Ruheplätze bevorzugen sie erhöhte Positionen in Astgabeln oder auf Plattformen, die sie geschickt erklimmen. Im Tiergarten Schönbrunn zählen die großen Hängematten zwischen den Bäumen zu ihren Lieblingsplätzen.

Kleine Pandas sind mit den Waschbären verwandt, weisen aber auch Ähnlichkeiten mit den Großen Pandas auf, ja kommen sogar im gleichen Verbreitungsgebiet und Lebensraum vor. Sie sind geschickte Kletterer, die einen Großteil ihres Lebens in Bäumen verbringen. Besonders ihre Nickerchen halten sie gerne in Astgabeln, wo sie sich zusammenrollen und mit dem Schwanz als Schutz ihr Gesicht bedecken.

Charakteristisch für die Felsenpinguine sind die langen gelben Federbüschel seitlich am Kopf. Bei Jungtieren sind diese noch nicht vorhanden. Etwa 25 Tage nach dem Schlupf bekommen die jungen Pinguine ihr zweites Daunenkleid. Jetzt bilden sie mit anderen Jungtieren Kindergärten und werden von den Eltern auch mal längere Zeit alleine gelassen.

Trotz seiner weiten Verbreitung von Südamerika bis Neuseeland ist der Felsenpinguin bedroht, vor allem durch Fischerei, Meeresverschmutzung und Klimawandel, der das Nahrungsangebot dieses Fischfressers einschränkt. Und macht der Felsenpinguin auch noch so einen possierlichen Eindruck, mit seinem kräftigen Schnabel ist er sehr wehrhaft.

Die gefährdeten Humboldtpinguine sind Koloniebrüter. Daher laufen viele von ihren Verhaltensweisen auch synchron ab. Individuell hingegen ist die schwarze Punktmusterung auf dem weißen Bauch.

Pinguine sind ausgezeichnete Schwimmer und verbringen viel Zeit im Wasser. Nur zur Fortpflanzungszeit halten sie sich längere Zeit an Land auf. Dann hört man auch ihre trompetenden Rufe, mit denen sie ihre Paarbindung bekräftigen.

Die Mutter-Kind-Beziehung ist bei Mähnenrobben sehr eng und dauert über mehrere Jahre an. Neugeborene werden mit einem sehr dichten Fell geboren. Sie sind – zwar unsicher und untrainiert – sofort in der Lage zu schwimmen. Die Kommunikation zur Mutter läuft fast vollständig über Laute ab. Jedes Jungtier hat seinen eigenen charakteristischen Ruf, der von der Mutter erkannt wird.

Auch erwachsene Mähnenrobben verfügen über ein ausgeprägtes Lautrepertoire. So können sie sich in der Kolonie verständigen. Ausgewachsene Bullen brüllen dabei am lautesten und scharen normalerweise mehrere Weibchen um sich. Ihre Dominanz zeigt sich in der Ausprägung der Mähne um ihren Hals. Auch wenn sie ganz entspannt wirken, haben sie dennoch immer ihre Weibchen im Blickfeld.

Die Besucherfütterungen im Tiergarten Schönbrunn sind sehr beliebt, dienen aber nicht nur zur Unterhaltung unserer Gäste. Neben der körperlichen und geistigen Beschäftigung der Tiere ermöglichen sie es, die Tiere gezielt zu füttern und, wenn notwendig, auch Medikamente zu verabreichen. Immer wieder beeindruckend – die wendigen, torpedoförmigen Körper der Mähnenrobben sind in der Lage, weit aus dem Wasser zu schnellen.

Im Rahmen der Fütterung der Mähnenrobben findet auch die Gesundheitskontrolle statt. Durch regelmäßiges Training, bei dem erwünschte Verhaltensweisen wie „Maul öffnen“, sofort belohnt werden, können Körperkonstitution und Zähne von Pflegern aus nächster Nähe begutachtet werden.

Orang Utans gehören zu den Menschenaffen. Sie sind ausgesprochene Baumkronenbewohner im Regenwald von Sumatra und Borneo. Lange Arme und menschenähnliche Hände mit feingliedrigen Fingern ermöglichen eine geschickte Fortbewegung mit gezieltem Griff in den Ästen. Die Männchen der Borneo-Orang Utans unterscheiden sich von den Weibchen nicht nur in Größe und stärkerem Haar- und Bartwuchs, sondern auch durch Backenwülste, die mit zunehmendem Alter immer ausgeprägter werden.

Der Tirolerhof

Hüter alpenländischen Natur- und Kulturguts

Welch einen Gegensatz zum hochherrschaftlichen, schönbrunner-gelben Ambiente stellt der ländliche, weitgehend naturbelassene Abschnitt des Tiergartens „am Berg" dar! Für manche mag es eigenartig anmuten, dass ausgerechnet hier, im kaiserlichen Schönbrunn und an den Ausläufern des Wienerwalds, ein Bauernhof aus Tirol steht. Doch – wie kann es anders sein – finden wir auch hierfür die Wurzeln in der Mode der Zeit seiner Entstehung sowie in den Vorlieben eines Habsburgers, des natur- und volksverbundenen Erzherzogs Johann. Es war beliebt, in der Nähe von herrschaftlichen Häusern Eremitagen, „Schweizerhütten" oder „Alpenhütten" einzurichten. Das einfache Leben dort faszinierte die Herrscher. Im Jahr 1800 unternahm der junge Erzherzog seine erste Reise nach Tirol und war begeistert von Land und Leuten. Kurz nach seiner Rückkehr veranlasste er daraufhin gemeinsam mit seinen Brüdern den Bau eines Tirolerhauses, umgeben von einem Alpengarten und Obstbäumen, die von den Erzherzögen auch selbst mitbetreut wurden. Für die Viehwirtschaft fehlte ihnen allerdings das Verständnis, weshalb sie einen Tiroler Senner anreisen ließen, der für das Melken und die Butter- und Käseerzeugung zuständig war und in seiner Landestracht und Alphorn blasend den Prinzen eine alternative Welt zum großstädtischen Wien bot.

Das ursprüngliche Bauernhaus im Tirolergarten bestand bis 1874. In diesem Jahr wurde es durch ein „Schweizerhaus" ersetzt, das Kaiserin Elisabeth im Vorjahr auf der Wiener Weltausstellung gesehen hatte. In der Folge wurden auch ihre kaiserlichen Milchkühe am Tirolerhof eingestellt. Mit dem Ende der Monarchie wurde die Viehhaltung aber aufgegeben und das Haus als Gastwirtschaft verpachtet, die bis 1973 bestand. Später wurden die ungenutzten Gebäude immer baufälliger und mussten schließlich abgetragen werden.

Das Areal am Berg war ursprünglich ein eigenständiger Teil des Schlossparks und wurde erst 1993 in den Tiergarten integriert. Seine Nutzung war naheliegend. Seit Bestehen des Tiergartens wurden neben Exoten auch immer wieder Haustiere gezeigt. Besonders in den Jahren nach dem Zweiten Weltkrieg ging jedoch bei der Nutztierhaltung die Tendenz in Richtung der Entwicklung spezifischer Hochleistungsrassen, die viel Milch, Fleisch, Wolle

oder Eier lieferten, und weg von mehrfach nutzbaren Tieren. Waren diese alten Rassen früher überall in Österreich bekannt, sogar lebensnotwendig, kam es so zu einem raschen Rückgang ihrer Bestände und in Einzelfällen sogar zu ihrem völligen Aussterben. Mehr als zwanzig Haustierrassen gelten in Österreich als gefährdet oder vom Aussterben bedroht. Der Tiergarten Schönbrunn hat sich dieser bedrohten Nutztierrassen angenommen. Leider finden nicht alle ein Zuhause in Schönbrunn, aber zumindest ein Teil davon, darunter Tuxer- und Pinzgauer-Rinder, Montafoner Braunvieh und Pustertaler Sprinzen, Tauernschecken, Kärntner Brillenschafe oder Sulmtaler Hühner. Sie werden

am Tirolerhof gezüchtet und bringen den Besuchern den Wert alter Haustierrassen als Genreserve, aber auch als österreichisches Kulturgut näher.

Das Gebäude des heutigen Tirolerhofs, der Haidachhof, ist sogar älter als der Tiergarten selbst. Erbaut im Jahr 1722 bei Brandenberg in Tirol und einst „schönster Bauernhof Tirols", der 1986 unter Denkmalschutz gestellt wurde, sollte dieser Erbhof schließlich dem Verfall preisgegeben werden. Er entsprach einfach nicht mehr den Bedürfnissen und Anforderungen moderner Großfamilien und einer rentablen Bewirtschaftung, obwohl es im Laufe der Jahrhunderte immer wieder zu Modernisierungen gekommen war. Durch glückliche Umstände entstand die Idee, den nutzlos gewordenen Hof in Tirol abzutragen und in Schönbrunn als neuen Tirolerhof und Herberge für eine Anzahl gefährdeter Haustierrassen Stück für Stück wieder aufzubauen. Dabei bestand die Absicht, nach Möglichkeit den ursprünglichen Zustand wieder herzustellen. Das betraf den Einbau alter handgeschmiedeter Schlösser, Holzdachrinnen und vor allem die alpine Art der Dachdeckung mit Legschindeln, fixiert mit Felsgestein.

Der Haidachhof ist ein typischer zweigeschoßiger Unterinntaler Einhof, bestehend aus einem Wohntrakt und einem Stall- und Wirtschaftsgebäude. Erdgeschoß sowie Stall- und Tennentrakt wurden neu gemauert, das Obergeschoß, bestehend aus schwalbenschwanzverzinkten Kanthölzern in Blockbauweise, wurde sorgfältig beschriftet, vorsichtig abgetragen und in Schönbrunn mit der gleichen Präzision wieder zusammengesetzt.

An der Mauer des Untergeschoßes befinden sich drei zum Zeitpunkt der Übergabe teilweise übermalte Fresken, die in Form hochovaler Medaillons den Heiligen Johannes, den Heiligen Florian und das Gnadenbild Maria Hilf zeigen. Eines dieser Freskos, der Heilige Johannes, ist noch im Original erhalten und wurde vor der Demontage des Hofes in Tirol abgenommen und beim Wiederaufbau in Schönbrunn an der gleichen Stelle der erneuerten Außenmauer angebracht. Die beiden anderen wurden kunstvoll rekonstruiert. Insgesamt kamen bei den Freilegungsarbeiten 21 Schichten Kalkfarbe zum Vorschein. Zur Originalfassung der Fassade gehörten neben den Fresken auch grüne Umrahmungen der Fenster und Türen sowie Drachenköpfe als Verzierung der Kellerfenster.

Der Haidachhof ist eine kulturhistorische Besonderheit an sich und lädt bei einem Glas Most und Biokäse in der Stube ein zu verweilen, denn auch heute wie schon zur Zeit des Erzherzogs genießt so mancher Besucher hier den Gegensatz zum großstädtischen Wien.

Neben anderen gefährdeten Haustierrassen werden auch Pinzgauer Rinder am Tirolerhof gehalten. Widerstands- und Marschfähigkeit sowie die rotbraune Fellfarbe als Schutz vor ultravioletten Strahlen kennzeichnen diese urösterreichische Rinderrasse. Ihr Bestand ging in den letzten hundert Jahren von 85.000 auf etwa 500 Stück zurück, erholt sich nun aber langsam.

Das ursprüngliche Mauerwerk des Untergeschosses am Haidachhof zeigte Schutzheilige wie den Heiligen Florian sowie heidnische Symbole wie das des Drachens. Sie wurden beim Wiederaufbau des Hauses im Tiergarten Schönbrunn gewissenhaft rekonstruiert.

Rund 20 Brutvogelarten besitzen ihr Revier in den Laubmischbeständen rund um den Tirolerhof. Der Haussperling als Gebäudebrüter bevorzugt allerdings die Nischen und Gebälke des Hofes. Er gehört wie die gefährdeten Haustierrassen zum Erscheinungsbild des Tirolerhofs. An Nahrung und Unterschlupfmöglichkeiten mangelt es hier nie.

Wahrscheinlich waren römische Legionspferde an der Entstehung der Noriker beteiligt, die seit etwa 2000 Jahren im österreichischen Alpenraum gezüchtet werden. Der Farbschlag des Tigers war schon seit jeher bei Herrschern sehr beliebt, weil die Punktscheckung des Pferdes der eines Hermelin-Capes glich, das ein Statussymbol darstellte.

Nach dem Huhn war die Taube lange Zeit das häufigste Haustier und begleitete den Menschen über viele Jahrhunderte. Die Österreichischen Ganselkröpfer zählten schon immer zum Erscheinungsbild von Bauernhöfen. Einst ausgestorben geglaubt, fand man noch einige Restexemplare, die den Grundstock des heutigen Zuchtprogramms bilden. Erst viel später wurden Kaninchen domestiziert und waren noch bis in die ersten Jahrzehnte des 20. Jahrhunderts eine wichtige Nahrungsquelle für ärmere Bevölkerungsschichten.

Der Eurasische Luchs ist nach jahrzehntelanger Verfolgung aus den heimischen Wäldern so gut wie verschwunden und erkämpft sich nur langsam sein früheres Revier zurück.

Der scheue, einzelgängerische Luchs ist mit einem ausgezeichneten Hör- und Riechvermögen ausgestattet. Das gefleckte Fell ist perfekte Tarnung in seinem Lebensraum und erlaubt nur geduldigen Besuchern den einen oder anderen kurzen Blick in seine Katzenaugen. Sie sind sein wichtigstes Sinnesorgan, etwa sechsmal so lichtempfindlich wie die Augen des Menschen, was den Luchs zu einem erfolgreichen Jäger in der Dämmerung und während der Nacht macht. So können die Tagesstunden getrost mit Faulenzen verbracht werden.

Die Schneeeule ist ein Bewohner der arktischen Tundra, ein gut angepasster, opportunistischer Jäger, der nicht wählerisch bei seiner Beute ist, ja, sogar – für Eulen recht untypisch – während des Tages jagt. In der Balzzeit gibt besonders das Männchen am Brutplatz ein lautes, raues Krächzen von sich, das zum Anlocken des Weibchens und zur Abgrenzung des Reviers gegen Nachbarn dient.

Auch der Habichtskauz, die zweitgrößte heimische Eule, ist zum Teil tagaktiv. Die Längsstrichelung des Gefieders dient zur Tarnung zwischen dem dichten Laub großer Altbaumbestände. Ein Wiederansiedelungsprojekt in Ostösterreich, an dem sich auch der Tiergarten Schönbrunn beteiligt, soll die zwei isolierten Vorkommen im Norden und Südosten Europas miteinander verbinden.

Das Streifenmuster jedes Zebras ist individuell verschieden und einzigartig wie ein Fingerabdruck. Es dient vermutlich zum Schutz vor Tsetsefliegen. Durch die schwarzweiße Zeichnung kann das Facettenauge der Fliege das Tier nicht wahrnehmen. Auch Raubtiere können in der Steppe Zebras nur schwer ausmachen, da durch die Zeichnung aus der Ferne betrachtet die Umrisse der Tiere verschwimmen.

Das Damarazebra ist die einzige Unterart des Steppenzebras, dessen Fell neben den üblichen schwarzen Streifen auch von grauen Streifen durchzogen ist.

Elenantilopen gehören zu den größten Antilopenarten. Männchen wie Weibchen besitzen gerade gedrehte Hörner, die sie aber nur selten als Waffen einsetzen. Als Herdentiere der Savanne weisen sie fast keine Körperzeichnung auf. Nur einige Querstreifen am Oberkörper können sich abzeichnen.

Ganz ausgeprägt hingegen ist die Zeichnung der kleinen Nyala Antilope. Sie gehört zur Gruppe der Waldböcke, und entsprechend ihres Lebensraumes im dichten afrikanischen Busch dienen die hellen Streifen im Gesicht und auf dem ganzen Körper als Tarnung. Bei dieser Antilopenart tragen nur die deutlich größeren Männchen Stirnwaffen.

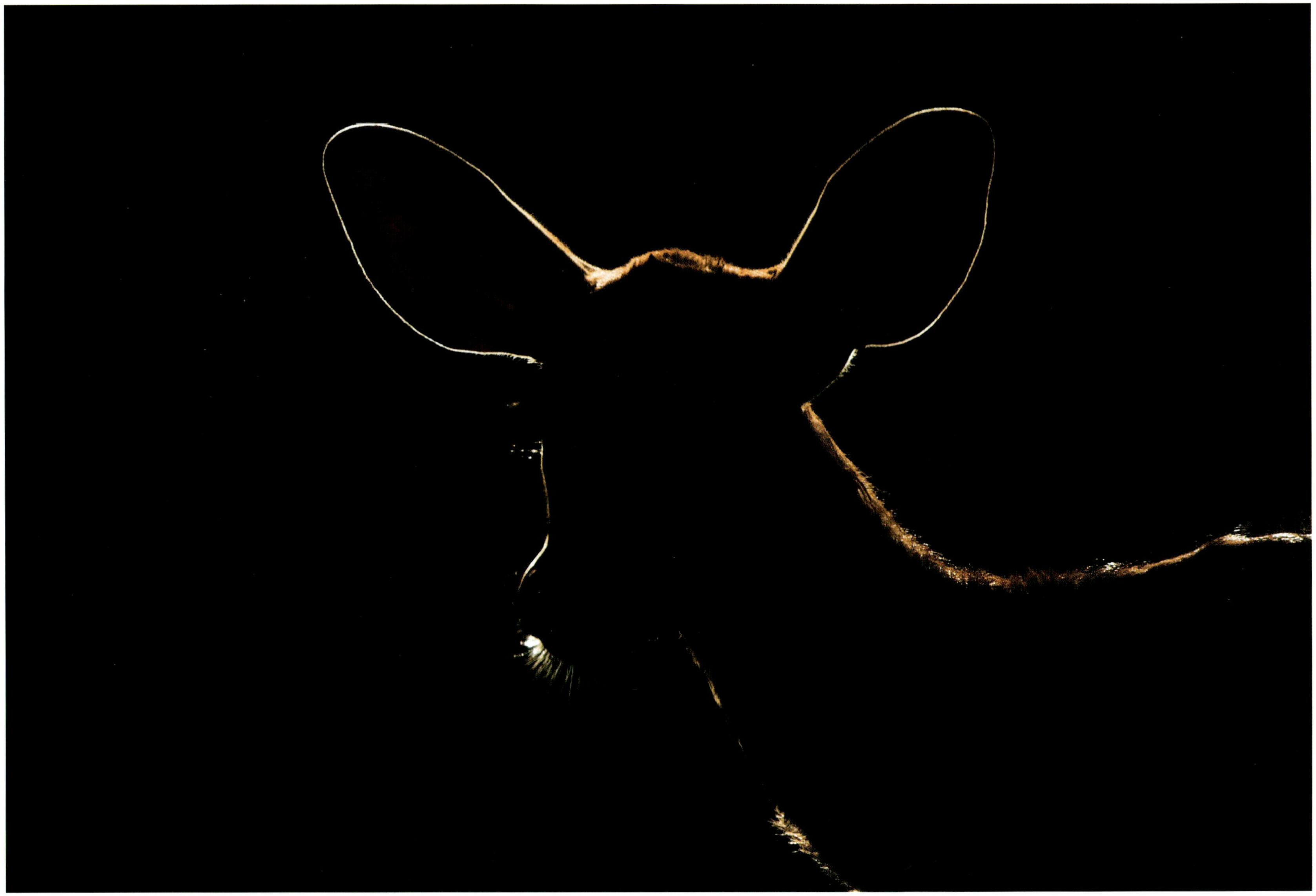

Die scheue Nyala Antilope ist äußerst wachsam, denn Antilopen haben viele Feinde. Darum ziehen die Tiere oft die Dämmerung zum Äsen vor. Dementsprechend gut sind Seh- und Gehörsinn ausgebildet. Nimmt ein Tier etwas Ungewöhnliches wahr, wird die ganze Gruppe gewarnt.

Der afrikanische Marabu gehört zu den Schreitvögeln. Seine Nahrung besteht ausschließlich aus Aas. Der große, keilförmige Schnabel ist das perfekte Werkzeug zum Aufbrechen von Tierkadavern, und der spärlich behaarte Kopf und Hals ermöglichen ein problemloses Eindringen in die Tierkörper.

Der Südafrikanische Kronenkranich fällt besonders durch seine strohfarbene Federkrone und seine auffällige Gesichtszeichnung auf. Die Schönheit der Kraniche und die Anmut ihrer Balztänze faszinieren Menschen schon seit Jahrtausenden. Daher spielen sie in der Mythologie vieler Kulturen weltweit eine Rolle als Glückssymbol, Symbol für Wachsamkeit, Klugheit und ein langes Leben.

Elefanten werden landläufig als Dickhäuter bezeichnet. Ihre graue Haut ist tatsächlich zwischen zwei und vier Zentimeter dick. Nur an den bei Afrikanischen Elefanten besonders großen Ohren ist sie dünner. Dort verlaufen Blutgefäße knapp unter der Haut, und durch Fächeln mit den Ohren kann das Tier eine Überhitzung verhindern. Sieht man oft Elefanten mit zwei Stoßzähnen aus Elfenbein ist dies jedoch kein obligatorisches Merkmal. Immer wieder gibt es Tiere, die gar keinen oder nur einen Stoßzahn ausgebildet haben.

Sand- und Schlammbäder gehören bei Elefanten zur täglichen Körperpflege. Ist das Material auf der Haut getrocknet, scheuern sich die Tiere an Bäumen und Felsen und reiben so Hautparasiten und abgestorbene Hautschuppen aus der tiefen, faltigen Haut.

Für junge Elefanten ist das ganze Leben ein Spiel. Jedes verfügbare Objekt wird in ein Spielgerät verwandelt. Die Herdenmitglieder, Mutter und Tanten, sind die Spielgefährten, zumindest so lange, bis sie genug haben und das Jungtier zurechtweisen.

Das Vogelhaus

Unterschätztes Juwel im meistbesuchten Teil des Tiergartens

Eines der eher unbeachteten und versteckten, aber zweifellos interessantesten Häuser im Tiergarten Schönbrunn ist das Vogelhaus. Die beiden Freiflughallen mit Bewohnern aus der afrikanischen Savanne und den südamerikanischen Tropen laden heute bei entzückender Geräuschkulisse zu stundenlangen Beobachtungen ein. Allerdings gibt es hier nicht nur Singvögel zu sehen, sondern auch Kugelgürteltiere bei der Nahrungssuche, himmelblaue Malawibarsche im Badeteich der Blaustirn-Blatthühnchen oder Faultiere, die sich gemächlich einen gemütlichen Schlafplatz suchen. So entwickelte sich das traditionelle historische Vogelhaus mit seiner Ansammlung von Käfigen zu einem neuen, nach und nach perfektionierten Tierhaus, das auf beeindruckende Weise auf kleinem Raum große Lebensräume erlebbar macht. Es ist mit seinem illustren Tierbesatz zu einem Haus für Liebhaber und Beobachter geworden und lädt ein, beim Tiergartenbesuch auch auf die vielen kleinen Details zu achten.

Das Gebäude selbst wurde bereits 1752 nach den Plänen von Jean Nicolas Jadot errichtet und ist ein typischer dreiteiliger, eingeschoßiger Bau nach dem Muster der französischen Garten- und Lustschlösschen. Ursprünglich wurde es als „Reservehaus" bezeichnet und enthielt, nachdem es noch kein eigenes Affenhaus gab, eine bunte Mischung an Primaten. Später wurde es dann auch von einem Sechsbinden-Gürteltier, Papageien und anderen Vogelarten und kurz nach 1800 sogar von einem Großen Ameisenbären bewohnt. Erst mit Beginn des 20. Jahrhunderts entstand aus dem „Reservehaus" ein Kleinvogelhaus mit einer repräsentativen Sammlung von Vogelarten verschiedenster Länder.

Im Laufe der Zeit entwickelte sich aus dem Haus mit systematischer Artensammlung, ausgestellt in Käfigreihen, das heutige Raumkonzept – zwei begehbare Freiflughallen mit jeweils einem ganzjährig nutzbaren Wintergarten. Die Hallen wurden bis zum Giebel geöffnet und durch große Oberlichten belichtet. Um den Vögeln in den warmen Monaten trotzdem alle Vorteile einer Außenvoliere bieten zu können, sind die Glasscheiben des Wintergartens an der Vorderfront und oben zu öffnen. Durch ein feinmaschiges Gitter können die Tiere im Haus die direkte Sonneneinstrahlung oder auch ein warmes Regenbad genießen.

Anstatt einfach nur viele verschiedene Vogelarten zu sehen, hat der Besucher nun die Möglichkeit, unterschiedliche Landschaften mit ihrer Tierwelt zu erleben. Unmittelbar hintereinander kann er die helle, luftige, trockene afrikanische Savanne mit Akazien, Gräsern, sukkulenten Pflanzen und hartlaubigen Sträuchern und die dunklen, üppig bewachsenen, feuchtschwülen südamerikanischen Tropen betreten, wo das Geräusch eines herabrieselnden Wasservorhangs allgegenwärtig ist. Er kann kleine emsige Feuerweber beim Bau ihrer kunstvoll geflochtenen Kugelnester beobachten oder über die riesigen Füße der Blatthühnchen staunen, mit denen sie scheinbar übers Wasser gehen können.

Lebensraumgestaltung stellt viel höhere Ansprüche an den Tiergärtner als die Käfighaltung getrennt nach einzelnen Vogelarten. Es musste bei der Artenzusammenstellung in den Freiflughallen besonders auf die Verträglichkeit untereinander geachtet werden sowie auf die Besetzung unterschiedlicher ökologischer Nischen, um einer zu großen Konkurrenz der Vögel vorzubeugen und natürliche Nachzuchten der einzelnen Arten zu ermöglichen. Heute werden in der Savanne acht verschiedene Vogelarten, darunter Schwärme hellblauer Schmetterlingsfinken und wendiger Weißstirnspinte, gepflegt. In den Tropen entdeckt man zwischen dem dichten Bewuchs neun Vogelarten, unter anderem neugierige Weißstirnamazonen, zierliche Purpurnaschvögel, Prachtpipras mit leuchtend rotem Federschopf und hellblauen Flügelbinden und Lesson Amazilien, die mit schwirrenden Flügelschlägen die Nektarfläschchen besuchen. Das Unterholz bevölkern scheue Zwergagutis und grazile Blatthühnchen, und so manches kokosfaserbraune Fellknäuel in den Ästen entpuppt sich als Zweifinger-Faultier.

Seit 2006 lädt nun, gleich beim Eingang, noch ein dritter, neuer Lebensraum zur Entdeckung ein, der der trockenen amerikanischen Sonorawüste nachempfunden ist. Der karge Lebensraum mit Säulenkakteen und Agaven zeigt ein Pärchen der seltenen Rennkuckucke, Kugelgürteltiere, die sich innerhalb kürzester Zeit als Schutz vor Fressfeinden in Panzerbälle verwandeln können, und die in freier Wildbahn bereits ausgestorbene Socorro-Taube. Diese zutrauliche Taube war nur auf der Insel Socorro, die westlich der mexikanischen Küste liegt, heimisch. In den 1960er Jahren wurde sie durch Bejagung und verwilderte Hauskatzen stark dezimiert. 1972 wurde sie dann zum letzten Mal im Freiland beobachtet. Ein europäisches Erhaltungszuchtprogramm, an dem sich auch der Tiergarten Schönbrunn beteiligt, setzt sich für ihre Zucht und in Folge für eine Wiederansiedelung auf Socorro ein.

Das Vogelhaus mit seinen vielen kleinen Bewohnern ist kontinuierlichen Änderungen im Bestand unterworfen. Immer wieder sieht man bei genauer Beobachtung Nester in den Bäumen, aus denen Jungvögel ausfliegen, um ihren Lebensraum zu erkunden, entdeckt bei jedem Besuch Neues und kann wie sonst nirgends die Tierwelt dreier verschiedener Kontinente erleben.

Auf farbenprächtige Flugkünstler trifft man sowohl im Tropenteil, als auch im Savannenteil des Vogelhauses. Besucher können die bunten Männchen der Prachtpipras aus nächster Nähe beobachten, wenn diese im Tiefflug über ihre Köpfe hinweg fliegen oder der Fütterung der Weißstirnspinte beiwohnen. Entsprechend ihrer Ernährungsweise werden die Spinte mit in die Luft geworfene Insekten gefüttert, die sie geschickt im Flug erbeuten.

Zierliche südamerikanische Rotstirnblatthühnchen kümmern sich auf einem schwimmenden Floß in der Tropenhalle um ihren Nachwuchs. Brutgeschäft und Jungenaufzucht ist hier Männersache. Die Jungen sind ausgesprochene Nestflüchter und können sofort nach dem Schlupf schwimmen und tauchen.

Bewegung machen Zweifinger-Faultiere nur wenn nötig, also nur zur Partnersuche, Nahrungsaufnahme oder um den Schlafplatz zu wechseln. Die übrige Zeit schlafen sie in Astgabeln oder kopfüber hängend und sparen dabei Energie. Sogar der Fellwuchs ist dieser Lebensweise angepasst. Sie tragen ihren Scheitel am Bauch und nicht am Rücken.

Kugelgürteltiere begeben sich hauptsächlich in der Dämmerung und während der Nacht auf Nahrungssuche. Mit ihrer guten Spürnase stöbern sie Insekten, Ameisen und Termiten auf, nehmen aber auch gerne Früchte zu sich. Besonderer Leckerbissen für die Gürteltiere im Tiergarten Schönbrunn sind fette Schwarzkäferlarven.

Der dicke Panzer schützt die Kugelgürteltiere vor Feinden, aber auch vor der Tageshitze im trockenheißen Klima ihrer amerikanischen Heimat. Blitzschnell rollen sie sich bei Gefahr zusammen. Kopf und Schwanzschild passen dabei perfekt ineinander.

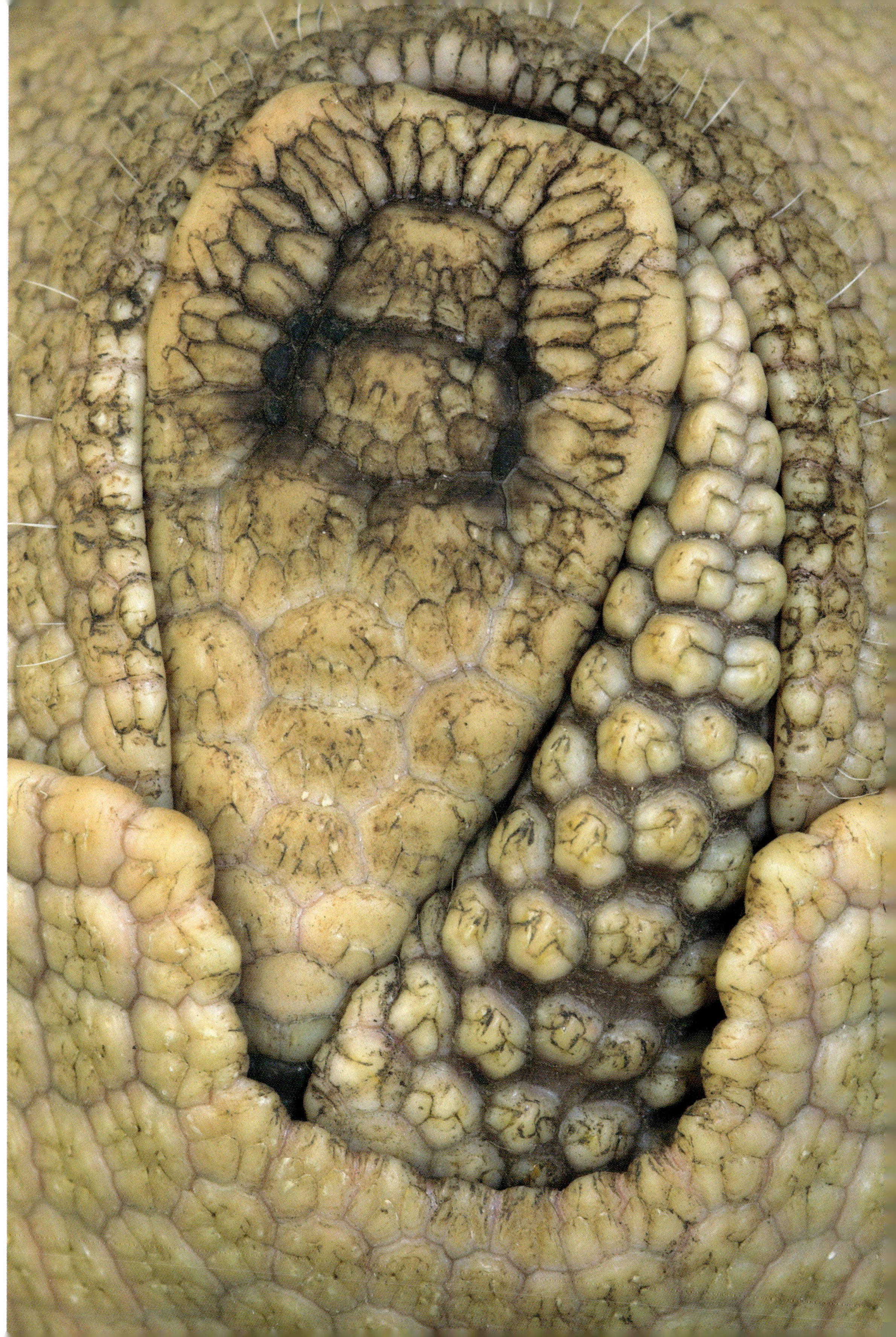

Die kobaltblauen Hyazintharas zählen nicht nur zu den größten und schönsten Papageien der Welt, sondern auch zu den am meisten gefährdeten. Wie andere Papageien haben auch sie ein ausgeprägtes Sozialverhalten, das sich in gegenseitiger Gefiederpflege äußert und sichtlich genossen wird.

Der kräftige Schnabel des Hyazintharas ist nicht nur zum Nüsse Knacken geeignet, sondern auch feinmotorisch so beweglich, dass er kleine Samen aufnehmen und geschickt greifen kann.

Weißhandgibbons gehören zu den kleinen Menschenaffen. Völlig schwindelfrei und mit ausgesprochen gut ausgeprägtem Gleichgewichtssinn findet man gerade Männchen auf den höchsten Baumstämmen, auf denen sie sich mühelos bewegen. Durch laute, weithin hörbare Rufe markieren sie von dort aus ihr Revier.

Weißhandgibbons leben im Familienverband. Die Gruppe besteht aus einem monogamen Elternpaar mit ihren Jungtieren. Alle zwei bis drei Jahre bringt das Weibchen ein Jungtier zur Welt, um das sich zunächst nur die Mutter, später auch der Vater und die älteren Geschwister kümmern. Vollständig entwöhnt sind junge Gibbons erst mit eineinhalb bis zwei Jahren.

Gibbons haben dank ihrer langen Arme eine spezielle Form der Fortbewegung durch den Regenwald entwickelt: mit großen gezielten Schwüngen hangeln sie sich geschickt und schnell durchs Geäst.

Gerade in den Morgenstunden genießen die Gibbons die wärmenden Sonnenstrahlen und zeigen ihr Gesangstalent in Brüllkonzerten, über deren Schönheit wohl bei den Anrainern des Schlossparks geteilte Meinung herrscht.

Kattas sind die Waldgeister Madagaskars. Die großen gelben Augen, die spitzen Ohren und ihre flinken, lautlosen Bewegungen trugen ihnen diesen Beinamen bei der madagassischen Bevölkerung ein. Die geselligen Tiere leben in großen Gruppen mit strenger Rangordnung. In den Bäumen bewegen sie sich genauso geschickt und mühelos wie auf dem Boden.

Die Jungtiere, meist eines, manchmal auch Zwillinge, kommen zu Beginn der Regenzeit, von August bis Oktober, zur Welt. In den ersten Lebenswochen werden sie auf dem Bauch getragen, später auf dem Rücken. Mehrfache Zwillingsgeburten finden im Tiergarten Schönbrunn fast jährlich statt. So gibt es immer genügend Spielkameraden für die jungen Kattas.

Der lange Ringelschwanz der Kattas dient nicht nur dazu, um bei Sprüngen oder beim Klettern das Gleichgewicht zu halten.
Er ist auch soziales Erkennungsmerkmal für die Gruppe und wird beim Gehen senkrecht in die Höhe gestreckt. Auch bei den ritualisierten Rangkämpfen kommt er zum Einsatz. Eingerieben mit einem Drüsensekret, vollführen Gegner regelrechte „Stinkkämpfe".

Kattas sind Sonnenanbeter. Besonders am kühlen Morgen setzen sie sich aufrecht Richtung Sonne, breiten ihre Arme aus, strecken Gesicht, Bauch und Arminnenseiten der Sonne entgegen und genießen die wärmenden Sonnenstrahlen.

Die Ameisenbärin im Tiergarten Schönbrunn hat schon mehrmals erfolgreich Jungtiere großgezogen. Nach einer Tragzeit von etwa 190 Tagen wird ein Jungtier geboren, in seltenen Fällen auch zwei. Das Jungtier klettert sofort nach der Geburt auf den Rücken der Mutter und krallt sich an der Schwanzwurzel fest. Die Fellzeichnungen von Mutter und Jungtier gehen so ineinander über, und das Jungtier ist von der Ferne kaum erkennbar.

Große Ameisenbären sind in ihrer Heimat in Mittel- und Südamerika einen Großteil des Tages auf Nahrungssuche. Mit ihrer feinen Nase spüren sie Termitenhügel auf, die sie mit den kräftigen Krallen an den Vorderbeinen aufbrechen und mit ihrer langen Zunge auflecken.

Der südamerikanische Rotfußseriema mit dem charakteristischen Federbüschel an der Schnabelwurzel und dem orangeroten Schnabel wirkt entschlossen und zielstrebig, wenn er durch seine Anlage schreitet. Doch nur während der Paarungszeit wird er angriffslustig und verteidigt sein Revier.

Seriemas bauen ihre Nester in Astgabeln in mehreren Metern Höhe. Die Grundkonstruktion besteht aus kleinen Ästen und Zweigen. Zwischenräume werden mit Erde ausgekleidet, die Schnabel für Schnabel herbeigeschafft wird. Etwa 25 Tage nach der Eiablage schlüpfen bis zu drei Jungtiere, die schon nach wenigen Wochen selbstständig sind.

Das Wort Giraffe stammt aus dem Arabischen und bedeutet „die Liebliche", eine verständliche Bezeichnung bei den großen Augen mit langen, geschwungenen Wimpern und dem grazilen Gang. Giraffen sind mit bis zu sechs Metern Größe die höchsten Landsäugetiere der Welt. Am Kopf sitzen bis zu vier knöcherne Stirnzapfen und ein mehr oder weniger ausgeprägter Stirnhöcker. Allen gemein ist eine lange Zunge, die geschickt greifen und Blätter von Zweigen ziehen kann.

Die Stirnzapfen sind bei der Geburt noch nicht verknöchert und härten erst in den ersten Lebenswochen aus. Eine ausgeklügelte Anpassung der Natur an den Geburtsvorgang!

Giraffengeburten sind ein spektakuläres Ereignis und können immer wieder von den Besuchern im Tiergarten Schönbrunn miterlebt werden. Nach einer Tragzeit von etwa 400 Tagen kommt ein Jungtier zur Welt, das bei der Geburt schon mannshoch ist. Die ersten Versuche, die langen Beine zu koordinieren, sind eine große, kaum zu bewältigende Anstrengung für das Neugeborene.

Kennzeichnend für alle Flamingos ist der geknickte Schnabel. Mit ihm, Oberseite nach unten, filtern sie durch feine Lamellen kleine Tiere wie Kleinkrebse, Mückenlarven oder Ringelwürmer aus dem Wasser. Der Rosaflamingo gehört zu den größten Flamingoarten und ist sogar im Süden Europas heimisch.

Während ausgewachsene Flamingos immer ein prächtiges Gefieder, lange rosa Beine und einen langen, beweglichen Hals besitzen, sind Jungtiere unscheinbar, klein und grau. Ihr Schnabel ist noch nicht gebogen und hat noch keine effektive Seihfunktion. Daher müssen Jungvögel noch mit Kropfmilch direkt vom Schnabel des Altvogels gefüttert werden.

Der afrikanische Zwergflamingo ist der kleinste Vertreter dieser Gruppe. Wie bei allen Flamingos entsteht die Rosafärbung des Gefieders durch Einlagerung von Farbpigmenten, die der Körper aus der Nahrung gewinnt. Diese außergewöhnliche Färbung bescherte den Flamingos als dekoratives Parkgeflügel schon vor Jahrhunderten einen fixen Platz in den Gärten herrschaftlicher Häuser.

Der Kubaflamingo weist mit passender Nahrung eine deutlich kräftigere Gefiederfarbe auf und ist sonst dem Rosaflamingo sehr ähnlich. Der lange, bewegliche Hals ist nicht nur bei der Gefiederpflege von Vorteil. Seine Haltung sendet auch Signale an die gesamte Kolonie. Im Entspannungszustand ist er S-förmig gekrümmt, bei Gefahr wird er kerzengerade aufgerichtet.

Schildkröten gibt es schon seit vielen Millionen Jahren in jeder Größe, auf allen Kontinenten und in vielen Lebensräumen. Amerikanische Schmuckschildkröten sind auch bei uns beliebte Haustiere. Die zierliche Sumpfschildkröte ist die einzige in Österreich heimische Schildkrötenart.

Besonders Riesenschildkröten faszinieren uns mit ihrem urzeitlichen Aussehen, ihrer Größe und einer Lebenserwartung von mehr als 150 Jahren. Das älteste Tier kam zur Eröffnung des Aquarienhauses im Jahr 1959 im Alter von geschätzten 50 Jahren in den Tiergarten Schönbrunn und erfreut sich heute noch bester Gesundheit.

Das Aquarien- und Terrarienhaus

Ein Blick in die bunte und bizarre Welt der Reptilien und Fische

Kaum ein Besucher verlässt den Tiergarten beim Hietzinger Ausgang, ohne noch zumindest einen kurzen Blick in das Aquarienhaus geworfen zu haben – doch was als Fünf-Minuten-Aufenthalt geplant war, endet meist in einem deutlich längeren Verweilen. Nur allzu leicht verliert man sich in der bunten Welt des Riffaquariums, der fast schon hypnotisierenden Wirkung des Quallenkreisels oder kommt aus dem Staunen im Amazonastunnel nicht mehr heraus, wenn man in den Lebensraum der Süßwasserrochen, Riesenwelse und Gabelbärte eintaucht. Man ertappt sich dabei, wie man staunend Blattschneiderameisen beobachtet, die im Gleichschritt ein Stück Brombeerblatt vor sich hertragen, um eine graue, unförmige Pilzmasse zu füttern, von der sie sich ernähren, oder kommt zur Einsicht, dass es sie wirklich gibt, die Dinosaurier der Neuzeit – die Nashornleguane. Leuchtend bunte, zierlich gebaute Pfeilgiftfrösche ziehen den Blick auf sich, und bedächtige Galapagos Riesenschildkröten kreuzen den Weg des Besuchers.
Das Aquarien- und Terrarienhaus mit seinen unterschiedlichen Lebensformen aus allen Kontinenten bildet einen Zoo im Zoo. Niemand kann sich seiner Faszination entziehen – ebenso heute bei den günstigen Pauschalreiseangeboten in ferne Länder wie auch schon vor 150 Jahren, als die ersten Schauaquarien in Wien entstanden.

Das Aquarienhaus wurde erst im Jahr 1959 fertig gestellt, gehörte also nicht zur ursprünglichen Menagerie. Es war zu seiner Zeit das modernste und zweitgrößte Aquarienhaus Europas und bescherte dem Tiergarten Schönbrunn erstmals seit seinem Bestehen über eine Million Besucher. Bei seiner Eröffnung enthielt es über 100 Aquarien in einer Größe von bis zu 13.700 Litern, dazu passende Umlauffilter, modernste elektrische Heizgeräte, Kühlmaschinen, Leuchtstoffröhren und Luftreiniger. Zusätzlich wurden 22 Schauterrarien installiert und der vorgelagerte, achteckige Krokopavillon gebaut, der auch heute noch das Markenzeichen des Hauses ist.

Seitdem sind allerdings viele Jahre vergangen. Haus und Installationen wurden mit der Zeit so sanierungsbedürftig, dass Ende der 1990er Jahre eine Generalüberholung unausweichlich wurde. Zwei Jahre dauerte es, bis im April 2000 das renovierte Aquarien- und Terrarienhaus eröffnet werden konnte, und abermals bescherte es dem Tiergarten ungeahnte Besucherrekorde. Der Krokopavillon erstrahlte in neuem Glanz und war größer als zuvor. Urzeitliche Reptilien, darunter auch Krokodile, erwarten hier nun die Besucher, und tropische Schmetterlinge und Vögel flattern und schwirren über ihren Köpfen. Die Gestaltung des Besucherraumes im Aquarienteil mit indirektem Licht, das Schatten erzeugt wie die von Wellenbewegungen, vermittelt den Eindruck als befände man sich unter der Meeresoberfläche. Die Schauaquarien führen den Besucher von der Flussmündung über den Küstensaum zum offenen Meer. Dort beendet man seine Reise

in die Tiefe in einem der größten lebenden Korallenriffe Österreichs. 80.000 Liter Meerwasser und zehn Tonnen lebendes Riffgestein bilden die Grundlage für bunte Korallenstöcke, Fischschwärme und andere Riffbewohner – Lebensgemeinschaften und Artenvielfalt, die sonst nur Taucher viele Meter unter der Meeresoberfläche in tropischen Gewässern erleben können. Zusätzlich versetzt die „Nostalgiewand" zurück in das ursprüngliche Ambiente des Hauses. Themenbecken wie das der giftigen Tiere und Pflanzen und das der elektrischen Fische oder der runde, verspiegelte Quallenkreisel entführen in nasse, fremde Welten.

Ein weiteres Highlight des Aquarienhauses ist der acht Meter lange Acrylglastunnel, der durch ein 150.000 Liter großes Süßwasserbecken führt. Trockenen Fußes erlebt man die faszinierende Unterwasserwelt des Amazonas während der Regenzeit, bis man am anderen Ende des Tunnels im dichten Tropenwald Amazoniens wieder auftaucht. Dicke Würgfeigenstämme, zwischen denen sich die Röhren der Blattschneiderameisenanlage ranken, zieren hier den Besucherraum. Begleitet von Pfeilgiftfröschen, Anakondas, Brillenschlangen und Salomonenskinken, lichtet sich Schritt für Schritt der Regenwald und führt in die offene Steppe und Wüste zu Klapperschlangen, Bartagamen und Halsbandleguanen. Der sandig-felsige Lebensbereich, zu dem man dann gelangt, ist der der Nashornleguane. Erste Nachzuchterfolge dieser hoch gefährdeten Tierart gelangen im Jahr 2006 direkt vor den Augen der Besucher.

Wer sich für das Nachtleben im Amazonas interessiert, kommt ebenfalls nicht zu kurz. Ein zeitversetzter Tageslicht-Rhythmus im Tag- und Nachtraum erlaubt dem Besucher am Vormittag, die farbenprächtigen Krokodiltejus im Pflanzendickicht zu entdecken, gegen Mittag, in der Dämmerung das Froschkonzert der Baumhöhlenkrötenlaubfrösche mitzuerleben, und am Nachmittag, im Mondschein den nachtaktiven Kaiserskorpionen und Blumenfledermäusen bei der Nahrungssuche zuzusehen.

So ziehen die vielen Lebensgemeinschaften im Aquarienhaus, bekannte und unbekannte, aquatische und terrestrische, den Besucher in ihren Bann. Das Aquarienhaus hat auch heute nichts von seiner Faszination verloren. Ein engagiertes Team bemüht sich, den Besuchern immer wieder neue Geheimnisse der Welt der Reptilien, Amphibien und Fische zu offenbaren, oder lädt ein, die entspannende Atmosphäre einfach zu genießen.

Die Haut der Nilkrokodile besitzt keine Schweißdrüsen. Bei großer Hitze öffnen sie ihr Maul, damit Wasser über die Mundschleimhäute verdunsten kann. So verhindern sie eine Überhitzung.

Echsen wie dieser Salomonenskink haben mit ihren Hornschuppen als Panzer und ihrer flinken, wendigen Fortbewegungsart im Laufe der Zeit fast alle Lebensräume auf allen Kontinenten erobert.

Die Warnfarben der Feuerfische zeigen deutlich, wie giftig sie sind. In den Flossenstrahlen an Rücken, Bauch und After befinden sich Giftdrüsen, die zu Atemlähmung, Fieber und Kreislaufversagen führen können.

Auch der Pfauenaugen-Zwergfeuerfisch ist bunt gezeichnet und zeigt so seine Ungenießbarkeit. Wenn er gereizt wird, werden die Augenflecken auf der Rückenflosse blaugrün mit einem pupillenartigen Fleck im Zentrum – ein Täuschungsmanöver für jeden Angreifer, denn der vermutet nicht nur den Kopf am falschen Ende des Tieres, sondern wird meist schon alleine durch die Augengröße abgeschreckt.

Der Clown-Anglerfisch ist eine skurrile Erscheinung. Seine absonderliche Gestalt hat den Zweck, sich unsichtbar zu machen und einer potentiellen Beute mit seiner „Angel", einem Hautanhängsel am Kopf, eine Nahrungsquelle vorzugaukeln, um dann blitzschnell zuschnappen zu können.

Der gehörnte Kuhkofferfisch lebt in tropischen und subtropischen Küstengewässern. Mit einem gezielten Wasserstrahl legt er seine Beutetiere an Korallenstöcken oder am Meeresgrund frei und saugt sie dann auf.

Korallenriffe sind dicht besiedelte Lebensräume. An den bunten Farben und auffälligen Zeichnungen erkennen sich Artgenossen, zur Fortpflanzung oder um ihr Revier gegen unerwünschte Eindringlinge zu verteidigen. Zusätzlich haben viele der bunten Fische Verteidigungsstrategien entwickelt, wie die rasiermesserscharfen Fortsätze an den Schwanzflossen der Doktorfische, Symbiosen mit giftigen Anemonen oder die aufblasbaren Schwimmblasen der Kugelfische, um furchterregender zu erscheinen.

Kaiserfische, wie der Blaukopfkaiserfisch und der Pfauenkaiserfisch, gehören zu den buntesten und schönsten Rifffischen der tropischen Weltmeere. Einzeln oder pärchenweise bewohnen sie Reviere im Riff, die sie strikt gegen Artgenossen verteidigen. Nur Jungfische derselben Art werden geduldet, da sie eine völlig andere Zeichnung aufweisen und so nicht als Konkurrenten erkannt werden. Lange Zeit glaubten auch Forscher, dass Jung- und Alttiere zwei verschiedene Arten sind.

Muster und Farben bei Rifffischen lassen uns über den Einfallsreichtum der Natur staunen. Sie haben allerdings auch Bedeutung und senden Signale an Artgenossen und potentielle Fressfeinde. Nur selten findet man jedoch rote Rifffische. Rot ist unter Wasser keine Signal- sondern eine Tarnfarbe. Der langwellige rote Spektralteil des Sonnenlichts wird nämlich bereits in sehr geringen Tiefen unter der Wasseroberfläche absorbiert und kann dann nicht mehr wahrgenommen werden. Dadurch erscheinen rote Tiere im Wasser unscheinbar und farblos.

Im Krokopavillon trifft man auf die unterschiedlichsten exotischen Falter und Schmetterlinge in jeder Größe. Passionsblumenfalter, Malachitfalter und andere schlüpfen in der Puppenstube. Sobald ihre Flügel ausgebreitet und getrocknet sind, fliegen sie frei in der Krokohalle und ernähren sich von Nektar aus den zahlreichen tropischen Blüten.

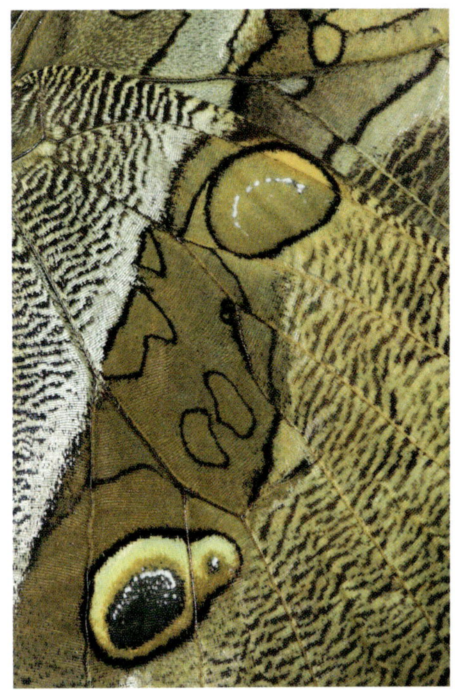

Winterliche Impressionen

Schneeweicher Spielplatz mit gesicherter Mahlzeit

Irgendwie scheint der Schnee in Schönbrunn leiser zu fallen als anderswo. Irgendwie scheint er weicher zu sein und nasskaltes Wintergrau mühelos aufzuhellen. Barocke Gebäude und historische Figuren erscheinen wie in Watte gehüllt, und Tiere wie Menschen genießen die Winterstille. Warme Tierhäuser und Besucherräume laden ein zu einer Pause – von der geschäftigen Hektik des Sommers keine Spur. Der Tiergarten im Winter hat zweifellos sein eigenes Flair, und die Tierwelt zeigt sich von einer ganz anderen Seite als in den übrigen Jahreszeiten. Schneeflocken sitzen auf der Nase des Großen Pandas, Tiger tollen im Schnee herum, ja selbst die Afrikanischen Elefanten genießen statt des obligatorischen Sandbades ein Schneebad! Die Parma-Kängurus und die Trampeltiere haben sich einen dicken Winterpelz zugelegt, und die Krauskopfpelikane mit ihren knall-orangen Kehlsäcken und aufgeplustertem weißen Gefieder sehen Schneemännern mit Karottennase zum Verwechseln ähnlich.

Wer denkt, im Winter gäbe es im Tiergarten nichts zu sehen, der liegt falsch. Regenwaldhaus, Vogel- und Aquarienhaus sowie die anderen warmen begehbaren Tierhäuser laden zum Kurzurlaub in tropische Gefilde ein und lassen uns vom nächsten Sommerurlaub träumen. Mehr denn je fühlen wir uns aufgrund der eisigen Außentemperaturen versetzt in eine exotische Welt.

Auf der anderen Seite ist jetzt die Zeit, um jene Tiere in voller Aktivität zu erleben, die aufgrund ihrer Herkunft optimal an kalte Temperaturen angepasst sind. Große Pandas zum Beispiel leben in China auf steilen Berghängen in bis zu 3000 m Meereshöhe. Anders als andere Bären halten sie keine Winterruhe, denn ihre Hauptnahrung, den Bambus, gibt es das ganze Jahr über und der hält sich unter einer Schneedecke besonders frisch. Auch scheinen die schwarzweißen Bären das Herumtollen im Schnee besonders zu genießen. Man ertappt sie beim Fangen, Spielen und Klettern. Ihre behaarte Sohle schützt sie dabei vor Frostbeulen, und die langen Krallen verhindern ein Ausrutschen. Die Eisbären mit ihrem weißen Fell fügen sich perfekt in die Landschaft ein. Ihre schwarze Haut unter den durchsichtigen Haaren des Fells absorbiert Sonnenstrahlen besonders wirkungsvoll. Der Pelz lässt die gewonnene Sonnen-

wärme nicht nach außen. Ideal für einen Eistauchgang erweist sich die isolierende Fettschicht, nicht nur die der Eisbären, auch die der Mähnenrobben und der Sibirischen Tiger. Tiger bekommen, wie die Wölfe oder Luchse, im Winter ein dickeres Fell, aber ihr wahrer Kälteschutz liegt als Fett unter der Haut. Felsen- und Königspinguine verbringen das ganze Jahr über in einem „Kühlschrank". Die Temperatur in ihrer Anlage übersteigt selten 10° C. Damit sie sich wohlfühlen, haben sie sogar ihre eigene Schneekanone. Im Winter werden einfach die Oberlichten geöffnet, und so wird die Innenanlage des Sommers zur Außenanlage im Winter.

Doch wie verhalten sich die Tiere der afrikanischen Savanne? Auch sie müssen nicht den ganzen Winter lang in den Innenanlagen ihrer Häuser verbleiben. Wie wir Menschen sind Tiere sehr anpassungsfähig. Die meisten sind, wenn nicht in Schönbrunn, dann zumindest in den Tiergärten der gemäßigten Klimazonen geboren. Ihre Temperaturtoleranz ist ausgesprochen groß, wenn man ihnen zum Aufwärmen ein warmes, trockenes Plätzchen und ausreichend Futter bietet. Elefanten haben es da besonders einfach. Ihr Verhältnis von Körpervolumen zu Körperoberfläche ermöglicht es ihnen, die Kerntemperatur in ihrem Inneren über lange Zeit konstant zu halten, im Kalten wie im Warmen. Sogar Giraffen genießen Ausflüge in ihre Außenanlage – aber nur an eisfreien Wintertagen, denn einen Beinbruch will bei einem Tier mit meterlangen Beinen niemand riskieren. So streifen auch die asiatischen Panzernashörner des nepalesischen Tieflandregenwaldes im Winter gerne durch die Außenanlage, wissend, dass sie eine wohlig warme Dusche und ein Heubett erwartet, sobald sie in die Innenanlage zurückkehren.

Und auch noch ganz andere Tiere wissen, dass es im Tiergarten im Winter ganz angenehm ist und dass es vor allem immer etwas zu futtern gibt. Viele Wildvögel, die sich sonst mühselig Nahrung aus dem vereisten Boden oder zugefrorenen Teichen stochern müssten, bekommen im Tiergarten mit der Fütterung der Zootiere den einen oder anderen Leckerbissen ab. Besonders der Pelikanteich ist bei Wintergästen beliebt. Graureiher, Silberreiher, Stockenten, Krickenten und Lachmöwen halten sich mit Vorliebe hier auf und bringen zusätzliches Leben in die Anlage. Und sogar Krähen im Schnee überzeugen und unterhalten mit durchaus artistischen Einlagen. Gerade frisch gefallenen Schnee lieben sie und wälzen sich von der Schnabel- bis zur Flügelspitze darin. Dabei ziehen sie ihre Furchen durch die Schneedecke und scheinen vom kalten Spaß nicht genug zu bekommen.

Es ist für jeden regelmäßigen Tiergartenbesucher wohl ein besonderes Erlebnis, seine Lieblingstierarten durch den Jahreslauf zu begleiten und sie bei den verschiedenen Verhaltensweisen zu beobachten. Noch dazu gibt es Tierarten, die gerade in dieser Zeit ihre Jungen zur Welt bringen. Bartgeierjunge schlüpfen, der kleine Große Panda verlässt seine Wurfbox, und auch der tapsige Eisbär-Nachwuchs wagt erste Schritte aus der Höhle. Der Tiergarten befindet sich keineswegs im Winterschlaf, sondern lädt ein, sein Leben auch zu dieser Jahreszeit zu entdecken und so manche winterliche Impression mit nach Hause zu nehmen.

Das weiße Fell der Eisbären ist nicht nur Tarnung. Es besteht aus dichten, hohlen Haaren, die neben einer dicken Fettschicht gute Isolationseigenschaften besitzen. Die schwarze Haut unter dem Fell absorbiert Sonnenstrahlen außerdem ausgesprochen gut. Mit einer geringen Körperoberfläche bei großem Volumen ergibt sich eine unschlagbare Kälteschutz-Kombination.

Großen Pandas mit ihrem dichten Fell können niedrige Temperaturen nichts anhaben. Sogar ihre Hauptnahrung, Bambus, ist im Winter verfügbar und hält sich unter einer dicken Schneedecke frisch, bereit zum Verzehr.

Der Sibirische Tiger bewohnt Gebiete im Osten Russlands, in denen das Thermometer bis auf –45° C fallen kann. Ein dichtes, langes Fell sowie eine bis zu fünf Zentimeter dicke Fettschicht schützen ihn vor diesen eisigen Temperaturen – spielen im Schnee ist deshalb kein Problem für junge Tiger!

Lachmöwen sind häufige Gäste am Pelikanteich. Hier finden sie genügend Futter, um durch die kalte Jahreszeit zu kommen. Aufgefädelt auf dem Handlauf des Brückengeländers am Pelikanteich warten sie geduldig auf die Fütterung der Zoobewohner.

Krauskopfpelikane und Störche sind in Europa heimisch. Obwohl Weißstörche normalerweise ihre Winter in Afrika verbringen, können sie gut mit den kalten Temperaturen umgehen, solange sie genügend Nahrung finden.

Tierische Gäste

Reich gedeckte Tafel für Dauergäste und Durchzügler

Der Tiergarten Schönbrunn begrüßt jährlich über zwei Millionen Besucher. Doch Menschen sind nicht die einzigen Gäste des Tiergartens. So mancher heimische Wildvogel besucht gelegentlich den Tiergarten und stibitzt den Bewohnern den einen oder anderen Leckerbissen. Andere haben es sich in historischen Gebäuden, Scheunen und Unterständen sowie Baumhöhlen oder Astgabeln gemütlich gemacht, immer einen reich gedeckten Gabentisch vor Augen als beste Grundlage zur erfolgreichen Jungenaufzucht. Ja, selbst gefährdete Tierarten wie Äskulapnatter oder Mittelspecht lassen sich sehen und legen hier ihre Eier. Und der Tiergarten begrüßt auch diese Besucher gerne. Schönbrunn ist, wie viele andere Tiergärten, Mitglied des Weltverbands der Zoos und Aquarien. Als solche haben sich alle beteiligten Institutionen 1993 der Welt-Zoo-Naturschutzstrategie verschrieben und gelobt, wesentliche Aufgaben im Naturschutz zu übernehmen und auch aktiv den Naturschutz im Freiland zu unterstützen. Dies betrifft nicht nur Artenschutzprojekte plakativer Arten in fernen Ländern, sondern beginnt schon bei der Schaffung von Lebensräumen für heimische Wildtiere – und warum nicht gleich direkt im Zoo? Der Schlosspark mit dem Tiergarten ist eine grüne Insel im Großstadtdschungel, und so manche Wechselkröte legt gerne ihren Laich in den vor Fressfeinden geschützten Tigerteich. Vorkommen von Fledermäusen wie Abendsegler und Zwergfledermaus sind belegt, ebenso von Mauereidechsen oder Laubfröschen.

Grundlage für eine verstärkte Besucherinformation über heimische Wildtiere und für eine weitere Verbesserung des Lebensraums Zoo sind zunächst wissenschaftliche Erhebungen der Bestände. Eine solche Bestandsaufnahme wurde für die Vogelwelt bereits durchgeführt. Insgesamt wurden dabei 74 unterschiedliche Vogelarten im Tiergartenareal erfasst, 64 davon in und an der Vegetation, an Gebäuden, Gehegen oder im Luftraum jagend, die restlichen zehn Arten ausschließlich überfliegend oder ziehend.
Die meisten Arten wurden im nordöstlichen Teil des Tiergartens angetroffen, das ist der Teil, in dem sich die neue Nashornanlage, der Pelikanteich, das Regenwaldhaus und das Insektenhaus, die Gehege für Eisbären, Mähnenrobben und Pinguine sowie Koppeln für Hirsche, Pferde, Wasserbüffel, Bisons und die Anlage der Pekaris befinden.

Das ganze Jahr über leben viele Vogelarten im Tiergarten, wo sie beste Lebensbedingungen vorfinden – egal ob Körner-, Insekten- oder Allesfresser. Man muss sich nur das richtige Gehege aussuchen, um bei der Fütterung der Zoobewohner mitnaschen zu können. Die überwiegend größte Artenzahl kann man im Oktober antreffen. In diesem Monat erreicht der Herbstzug üblicherweise seinen Höhepunkt, und man kann bis zu 51 verschiedene Vogelarten entdecken, darunter neben Sperbern, Turmfalken, Grünspechten, Rotkehlchen oder Finken auch Überflieger wie Kernbeißer, Gimpel, Erlenzeisig, Dohlen oder Wiesen- und Baumpieper.

Es zeigte sich auch, dass nicht nur Zootiere von den Gestaltungselementen in ihren Gehegen als Kletterstrukturen, Versteckmöglichkeiten oder Badebecken profitieren, sondern die gesamte hier lebende Tierwelt. Tothölzer in Außenanlagen und Volieren sind nicht nur Sitzwarten, sondern auch Nahrungsplätze für Kleiber oder Mittelspechte oder Brutplätze für Kohl- und Blaumeisen. Kleine Bachläufe in den Gehegen, wie in der Serau-Anlage oder der Anlage für die Großen Pandas locken Bach- und Gebirgsstelzen an. Badebecken und Teiche werden nicht nur von Stockenten genutzt, sondern laden Amseln, Meisen und Erlenzeisige zum Trinken ein. Am attraktivsten für Wintergäste ist der Pelikanteich. Graureiher, Silberreiher, Krickenten, Teichhühner, Stockenten und Lachmöwen sind zu dieser Zeit regelmäßig hier anzutreffen. Bis zu 15 Graureiher, über 200 Stockenten und etwa 150 Lachmöwen halten sich im Winter hier auf und erhaschen den einen oder anderen Leckerbissen bei der Zootierfütterung.

Zaunkönige brüten in den Buchsbäumen vor dem Verwaltungsgebäude, und kleine Schilf- und Röhrichtbestände wie am Affenteich locken Blaumeisen an. Die begrünten Dächer der Panzernashornanlage, des Polariums oder des Elefantenhauses werden ebenfalls gerne wegen ihres Samenangebots genutzt. Im Winter 2006 wurde zum Beispiel ein ganzer Schwarm von Stieglitzen gleichzeitig auf dem bewachsenen Dach des Nilgau-Unterstandes gesichtet.

Insgesamt gibt es im Tiergartenareal 20 Vogelarten, die in der aktuellen Roten Liste der Brutvögel Österreichs geführt werden. Als Brutvögel hier sind vor allem Mittelspecht, Gartenbaumläufer und Rauchschwalbe bedeutend, als Winter- und Nahrungsgäste Saatkrähe und Dohle, Graureiher, Lachmöwe, Kleinspecht und Teichhuhn.

Aber nicht nur heimische Wildvögel, Reptilien und Amphibien nutzen das Tiergartenareal als Futterplatz. Das bei allen Besuchern beliebte Eichhörnchen tritt im Schlosspark und im Tiergarten aufgrund des Nahrungsangebots in einer Dichte auf, die ihresgleichen sucht. Mit seiner possierlichen Art gehört es wohl zu den bekanntesten und beliebtesten Säugetieren Mitteleuropas und ist, so wie in vielen Parks und Tiergärten des ganzen Landes, eine Besucherattraktion für sich.

Mehr noch als bisher will der Tiergarten als Naturschutzinstitution den Lebensraum unserer heimischen Wildtiere verbessern und interessierten Besuchern die Natur und ihren Schutz vor der eigenen Haustür näherbringen. Dabei arbeitet der Tiergarten Schönbrunn eng mit der Umweltschutzabteilung der Stadt Wien zusammen und fügt nach und nach auch diesen Teil der Tiergartenfauna in sein Bildungsangebot mit ein.

Der Graureiher ist ein regelmäßiger Nahrungsgast im Tiergarten Schönbrunn. Besonders in den Wintermonaten hält er sich gerne dort auf, wo der eine oder andere Fisch für ihn abfallen könnte.

Aaskrähen sind aus dem Tiergarten Schönbrunn nicht wegzudenken und fast allgegenwärtig.
Mit 12 Brutpaaren pro zehn Hektar trifft man hier auf das dichteste Aufkommen an Aaskrähen in Wien.

Von manchen als Plage gesehen, faszinieren uns Aaskrähen bei genauerer Beobachtung mit erstaunlicher Intelligenz und ausgesprochenem Lernvermögen. Das stellt unsere Tierpfleger bei der Fütterung ihrer Schützlinge vor große Herausforderungen, damit die Krähen nicht schon die größten Leckerbissen ihrer Pfleglinge stehlen, bevor diese sie überhaupt gesehen haben.

Haussperling, Kohlmeise und Kleiber gehören im Tiergarten Schönbrunn zu den häufigsten Brutvogelarten – nicht verwunderlich bei dem großen Nahrungsangebot und den zahlreichen Nist- und Brutmöglichkeiten.

Schon zeitig im Frühjahr schlüpfen die jungen Stockenten, die Pullis. Bis zu sechzehn Jungtiere führt die Entenmutter dann. Schwimmen können die Kleinen nur, wenn ihre Dunen von der Mutter mit Bürzelfett eingefettet wurden, da ihre eigenen Bürzeldrüsen noch nicht funktionsfähig sind.

Die Männchen der Stockenten, die Erpel, tragen ein Prachtkleid, das sich vom gedeckten Braun der Weibchen unterscheidet. Da sie bei uns so häufig vorkommen, übersieht man oft, wie schön Erpel sind!

Mandarinenten gab es ursprünglich in Europa nicht. Diese ostasiatische Zierente ist ein Gehegeflüchtling und hat sich mittlerweile in einigen Parkanlagen, so auch im Schönbrunner Schlosspark, etabliert.

Bis zu 150 Lachmöwen überwintern im Tiergarten Schönbrunn. Die Lachmöwe ist in Europa die häufigste Möwenart. Sie brütet vorwiegend an flachen Binnengewässern, an „Lachen" – davon leitet sich auch ihr Name ab.

Die Eichhörnchen im gesamten Schlosspark weisen eine so geringe Fluchtdistanz auf, dass sie sogar per Hand gefüttert werden können. Alles, was nicht sofort verspeist wird, wird vergraben. Die geschickten Kletterer merken sich allerdings diese Plätze nicht. Vielmehr wittern sie versteckte Nüsse oder Zapfen durch die dicke Schneedecke und sind so auch im Winter versorgt.

Das Wüstenhaus

Glaspalast mit unerwartet üppigem Leben

Wer hätte gedacht, dass das Leben in der Wüste reicht, um ein ganzes Haus zu füllen? Gemeinhin assoziiert man doch Wüste mit Sand, Gestein oder Eis und glaubt, sie ist trostlos, unwirtlich und leer. Das Wüstenhaus, untergebracht im historischen Sonnenuhrhaus im Schlosspark, beweist das Gegenteil und stellt auf anschauliche Weise unterschiedliche Überlebensstrategien der Pflanzen- und Tierwelt in verschiedenen Wüstenregionen der Erde dar. Kleine, dicke Blätter, Schuppen gegen Wasserverlust, ein kugeliger Körper für eine möglichst kleine Oberfläche, lange Beine mit geringer Auflagefläche, helle Fellfarben zur Lichtreflexion, Wachseinlagerung in der Außenhaut als Verdunstungsschutz oder ein Verlegen der Aktivitätsphasen in die Nacht oder unter die Erde – die Natur verblüfft gerade in solchen Extremlebensräumen mit faszinierenden Möglichkeiten eines durchaus angenehmen Lebens.

An Stelle des heutigen Wüstenhauses befand sich das älteste, auf das 18. Jahrhundert zurückgehende Gewächshaus des Schlossparks. Vor dem hölzernen Haus stand schon damals eine vergoldete Sonnenuhr, die dem neuen Pflanzenüberwinterungshaus von Kaiser Franz Joseph I. seinen Namen gab. Das heute als Wüstenhaus fungierende Sonnenuhrhaus wurde 1903/04 nach den Plänen von Alphons Custodis als Eisenkonstruktion mit Einfachverglasung, Dampfheizung und Lüftungseinrichtungen erbaut und mit frühen Formen des Jugendstils verziert.
Es war wesentlich einfacher gestaltet als das ältere, gegenüberliegende Palmenhaus und diente dem Zweck, die botanischen Raritäten, die mit den berühmten Sammelexpeditionen des 18. und 19. Jahrhunderts nach Wien gekommen waren, die so genannte Neuholländersammlung, vor den harschen Wintern in Wien zu schützen. Über vier Jahrzehnte waren die wertvollen Pflanzen dort untergebracht, als aber 1945 ein Bombenhagel über den Schlosspark hereinbrach, ging auch die Verglasung des Sonnenuhrhauses zu Bruch. Nach der Renovierung diente das Sonnenuhrhaus weiterhin als Überwinterungshaus für einige Pflanzen des Palmenhauses und während der Generalsanierung des Palmenhauses zwischen 1976 und 1990 sogar als Schauhaus. Bis 1998 beherbergte das mittlerweile renovierungsbedürftige Haus auch exotische Schmetterlinge, dann musste es endgültig zur Sanierung geschlossen werden. Ein neues Konzept sollte dem

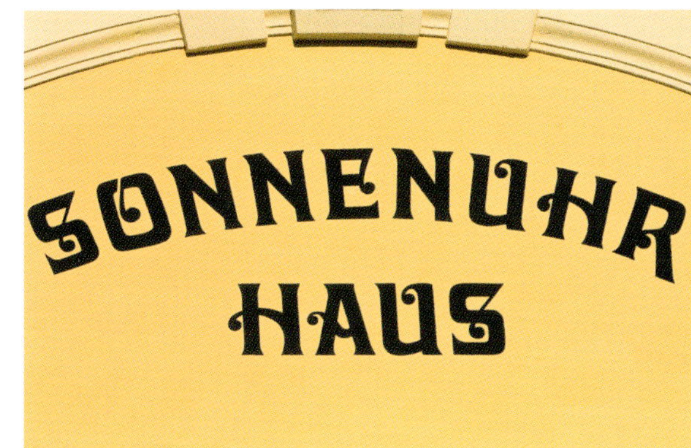

historischen Bau neues Leben einhauchen. Im Rahmen einer Kooperation zwischen den Bundesgärten und dem Tiergarten Schönbrunn wurde die ARGE Sonnenuhrhaus gegründet, und in vierjähriger Bauzeit entstand das Wüstenhaus.

Die gewählte Thematik der Wüste erlaubte erstmals die Ausstellung der noch nie gezeigten Sukkulentensammlung der Bundesgärten, die zum Teil auf das 19. Jahrhundert zurückgeht. Sukkulente Pflanzen wie Kakteen, Wolfsmilchgewächse oder Agaven sind typische Bewohner von Trockengebieten. Mit dem geringen Niederschlag kommen sie besonders gut zurecht, weil

sie Wasser in speziell ausgebildeten Geweben gut für Dürreperioden speichern können.

Der etwa 2000 m² große dreiteilige Hallenbau zeigt nun drei verschiedene aride Landschaftszonen, die sich an den Heimatländern der Sukkulentensammlung orientieren. So entstand im etwa acht Meter hohen Osttrakt der „Nahe Osten" mit einer Oase, die einen der seltensten Wüstenfische der Welt beherbergt, den Azraq Kärpfling, sowie Aloen, Palmfarne oder große Wolfsmilchgewächse. Die 16 Meter hohe Mittelhalle mit Satteldach und Laterne widmet sich den Wüsten der Alten und der Neuen Welt und zeigt neben Agaven und Säulenkakteen unter anderem die älteste sukkulente Topfpflanze der Welt, eine *Fockea capensis*, deren Alter auf etwa 800 Jahre geschätzt wird. Künstlich geschaffene Felsstrukturen bieten hier Kletter-, Sonn- und Versteckmöglichkeiten für freilebende Siedleragamen. Je ein Schwarm Diamanttäubchen und Brillenvögel bevölkert den Luftraum, und geschickt integrierte Terrarien zeigen Kurzohr-Rüsselspringer und verschiedene Schildkrötenarten. Ein Höhlenweg beherbergt Tiere, die sich durch Verlegen ihrer Aktivität in die kühle Nacht oder unter die Erde vor der sengenden Sonne schützen, wie Wüstenameisen und Höhlensalmler, Bartagamen und Ringgeckos, aber auch das einzige staatenbildende Säugetier, den Nacktmull, der so gut wie sein ganzes Leben in Kolonien unter Tag verbringt. Die Westhalle entspricht im Größenverhältnis der Osthalle und zeigt die Trockenlebensräume Madagaskars, wiederum mit zahlreichen Wolfsmilchgewächsen und Madagaskarpalmen. Sie ist Lebensraum für die auffälligen Madagaskarweber und die gefährdeten Spinnenschildkröten. In der dazugehörigen Freianlage findet man heimische Tiere wie Ziesel und die wunderschön gefärbten Smaragdeidechsen, die ebenfalls trockene Lebensräume bevorzugen und hauptsächlich im Osten und Süden Österreichs zu finden sind.

Wüsten sind faszinierende Lebensräume, aber im Gegensatz zu Regenwäldern sind sie nicht bedroht, sondern breiten sich immer weiter aus und gefährden die Existenzgrundlage von rund 1,2 Milliarden Menschen. 30 % aller Landflächen der Erde sind durch Wüstenbildung gefährdet – ein Ergebnis von Klimaveränderungen, ungeeigneten Bewässerungsmethoden, Überweidung und Kahlschlag. Eine nachhaltige Lebensweise von uns Menschen schützt also nicht nur den Regenwald, sondern verhindert auch eine fortschreitende Ausbreitung der Wüstengebiete und hilft damit uns und zukünftigen Generationen zu überleben, denn am allerwenigsten angepasst an ein Leben in der Wüste ist der Mensch.

Ganzen Schwärmen von Diamanttäubchen begegnet man im Wüstenhaus. Die kleinen Ziervögel nutzen jeden Fenstersims, jede Felsnische und Astgabel um ihre kunstvoll geflochtenen Nester aus Gräsern, Ästchen und Kokosfasern möglichst sicher und versteckt zu platzieren.

Kakteen haben die Trockengebiete Amerikas erobert. Ihre dicken Stämme sind hervorragende Wasserspeicher, jedes überflüssige Blatt wird eingespart.

Der mexikanische Goldkugelkaktus wird häufig auch als „Schwiegermuttersessel" bezeichnet. Er kann bis 1,30 m hoch werden. Obwohl er so bekannt ist, steht er auf der Roten Liste gefährdeter Arten.

Säulenkakteen sind oft schon mehrere Meter hoch, bevor sie zum ersten Mal auffällige große Blüten ausbilden. Im Gegensatz dazu kann man die kleinen „Blüten" des Christusdorns das ganze Jahr über bewundern. Genau genommen sind diese nämlich keine Blüten, sondern nur farbige Hochblätter.

Die wunderschönen trichterförmigen Blüten der Felsenkakteen können bis zu 20 cm groß werden. Sie blühen nur für kurze Zeit, oft nur wenige Stunden. Wenn man sie daher beim Besuch im Wüstenhaus entdeckt, kann man sich glücklich schätzen.

Wolfsmilchgewächse kommen nur in der Alten Welt vor. Es gibt sie in über 2000 Arten. Sie setzen bei Verletzung einen giftigen Milchsaft als Fraßschutz und Wundverschluss frei.

Agaven bilden lange, spitze Blätter aus, je nach Art mit oder ohne Dornen, die Pflanzengattung *Aeonium* dagegen immer unbewehrte flache Rosetten. Allen gemein ist eine regelmäßige Wuchsform nach einem ausgeklügelten Bauplan der Natur.

Reptilien wie die Madagaskarleguane sind die heimlichen Herrscher der Trockengebiete sowie der Haupthalle im Wüstenhaus. Dicke Hornschuppen schützen gegen Austrocknung und Abnützung der Haut.

Dominante Männchen der Siedleragamen sind an ihrem stahlblauen Körper und dem orangeroten Kopf zu erkennen. Ihre Prachtfarben nehmen die Männchen erst an, wenn sie sich tagsüber aufgewärmt haben.

Die Schönbrunner Schlossanlage

Prunkvolles Zeugnis kaiserlichen Lebens

Heute befindet sich die Schönbrunner Schlossanlage integriert in die Großstadt Wien, umgeben von Durchzugsstraßen und mitten im noblen Wohngebiet des 13. Wiener Gemeindebezirks. Im 16. Jahrhundert war dieses Gebiet Jagdrevier der Habsburger, versehen mit einem kleinen Jagdschloss, der Katterburg. Kaiser Matthias soll der Legende nach um 1612 bei einem Jagdausflug eine Quelle, die er „Schöner Brunnen" nannte, entdeckt haben. Nach ihr wurde die als kleines Lustschloss neugestaltete Katterburg benannt und erstmals 1642 mit dem Namen Schönbrunn erwähnt. Das Schloss diente Eleonore von Gonzaga sowie der Witwe von Kaiser Ferdinand III., als Witwensitz. Bei der zweiten Türkenbelagerung Wiens im Jahr 1683 wurde das Schloss zerstört.

Kaiser Leopold I. übernahm das Areal 1686 und fasste den Entschluss, seinem Nachfolger Joseph I. einen repräsentativen Palast zu errichten, eine prunkvolle Schlossanlage nach dem Vorbild von Versailles. Der Grazer Architekt Johann Bernhard Fischer wurde mit dem ehrgeizigen Projekt betraut, ja sogar später aufgrund seiner großartigen Arbeit in Schönbrunn von Leopold I. mit dem Beinamen „von Erlach" geadelt. Kostspielige französische Gartenarchitekten wurden eingeladen, die präzise symmetrische Gartengestaltung durchzuführen, ehe noch mit dem Bau des Schlosses begonnen wurde. Im Jahr 1700 wurde das neue Schloss Schönbrunn schließlich in halbfertigem Zustand bezogen.

Kaiser Karl VI., ein Bruder Josephs, schien nur wenig Interesse für die kostspielige neue Anlage aufzubringen. So „entledigte" er sich des Schlosses auch elegant, indem er es seiner Tochter Maria Theresia als Hochzeitsgeschenk überließ. Maria Theresia und ihr Gatte Franz I. Stephan von Lothringen liebten Schönbrunn. Mit ihnen und ihren zahlreichen Kindern kam sprichwörtlich neues Leben in die Anlage, und Schönbrunn wurde zum Zentrum der imperialen österreichischen Glanzzeit und Mittelpunkt des höfischen und politischen Lebens.

Während sich Maria Theresia ganz der Ausgestaltung des Schlossgebäudes widmete, nahm sich Franz Stephan des Gartenausbaus an. Ein neues Alleensystem wurde geschaffen, und das Parterre wurde kunstvoll ausgestaltet. Später verwirklichte die inzwischen verwitwete Maria Theresia Neptunbrunnen und Gloriette. Das

große Parterre wurde von ihr neuerlich umgestaltet und von einer Serie von Marmorstatuen umgeben. Noch zu Lebzeiten Maria Theresias wurden Schloss, Park und Menagerie für das Volk geöffnet, sodass ebenso die Österreicher wie ausländische Besucher an dessen Schönheit teilhaben konnten.

Joseph II., der älteste Sohn Maria Theresias und Franz Stephans, war interessiert an naturwissenschaftlichem Fortschritt und widmete dem Park, der Orangerie und der Menagerie mit ihren Pflanzen und Tieren viel Aufmerksamkeit. Er initiierte Expeditionen in die Neue Welt und nach Afrika, auf die noch heute Teile der botanischen

Sammlung der Bundesgärten zurückgehen und die auch die Menagerie mit seltenen und wertvollen Tieren bereicherten.

Ende des 18. Jahrhunderts kam die barocke Gartenarchitektur aus der Mode. Englische Landschaftsgärten setzten sich durch, doch der Schönbrunner Park blieb als Zeugnis großer Gartenkunst in seiner bestehenden Form erhalten.

Der 1830 geborene Franz Joseph I. ließ Schönbrunn schließlich modernisieren und zu einer ganzjährigen Residenz umbauen, allerdings in einer Weise, bei der die Räumlichkeiten weitgehend im Stil Maria Theresias erhalten blieben. Nur ein kleiner Teil des Parks, der Holländische Garten, wurde im Sinne englischer Gartengestaltung umgewandelt. In diesem Bereich entstand zwischen 1880 und 1882 als monumentale Eisen-Glas-Konstruktion auch das „Neue Palmenhaus". Als letztes bauliches Vorhaben ließ Kaiser Franz Joseph I. für seine wertvolle botanische „Neuholländersammlung" ein neues Überwinterungshaus erbauen, das Sonnenuhrhaus, das 1904 vollendet wurde.

Die 68-jährige Regierungszeit Kaiser Franz Josephs bedeutete neben vielen positiven Veränderungen vor allem politisch ein Erstarren im Bestehenden, und in den Wirren des Ersten Weltkriegs gelang es Karl I., dem letzten Kaiser Österreich-Ungarns, nicht mehr, den innerlich bereits gärenden Vielvölkerstaat zusammenzuhalten. Nach der Abdankung Karls im November 1918, die er schon bald widerrief, war eine der ersten Amtshandlungen der neu gegründeten Republik Österreich die Überführung der ehemals kaiserlichen Besitztümer in das Staatseigentum. Einige Zeit später wurde das Schloss Schönbrunn dem Vorläufer des heutigen Wirtschaftsministeriums unterstellt und entwickelte sich als Zeugnis einer vergangenen Epoche zu einem viel besuchten Museum. Der Park kam in die Betreuung der Bundesgärten und blieb öffentlich zugänglich.

Nach dem Zweiten Weltkrieg waren die Prunkräume aufgrund der großen Zerstörungen geschlossen und wurden erst 1948 wieder der Öffentlichkeit zugänglich gemacht. Auch die Schlosshauptmannschaft entstand neu, nachdem während des Krieges das „Reichsbauamt Wien" Schönbrunn verwaltet hatte. Seit damals ist Schönbrunn ein touristisches Ziel für inzwischen jährlich Millionen von Besuchern aus dem In- und Ausland.

Die 1992 gegründete, privatwirtschaftlich geführte „Schloss Schönbrunn Kultur- und Betriebsgesellschaft" führt nun die Geschäfte und bewältigt in Zusammenarbeit mit den Österreichischen Bundesgärten und der Schönbrunner Tiergarten GmbH erfolgreich die Gratwanderung zwischen der Erhaltung eines Weltkulturerbes, der Betreuung eines Naherholungsraums der Wiener und der kommerziellen Nutzung als meist besuchte touristische Einrichtung des Landes.

Hinter der beeindruckenden Schlossfassade finden immer wieder Veranstaltungen statt, deren Besucher in historischen Kostümen, passend zum barocken Ambiente, empfangen werden.

Sowohl tierische als auch menschliche Besucher erfreuen sich seit Jahrhunderten an der beeindruckenden Größe und Gestaltung des Großen Parterres, das sich zwischen Schloss und Schönbrunner Berg erstreckt. Knapp vor 1900 entstand das heutige Erscheinungsbild mit Ranken- und Bandornamenten aus Blumen, die saisonal wechseln.

Der Neptun-Brunnen als größter Brunnen in der Parkanlage wurde um 1780 fertig gestellt. Die Figurengruppe zeigt den Meeresgott Neptun mit seinem Gefolge von Tritonen, der von einer Nymphe sowie der Meeresgöttin Thetis gebeten wird, die Reise ihres Sohnes Achilles nach Troja zu begünstigen. Gehauen aus Sterzinger Marmor vom Bildhauer Johann Christian Wilhelm Beyer, brauchen die Figuren regelmäßige Reinigung, um auch noch Jahrhunderte nach ihrer Entstehung in voller Pracht zu erstrahlen.

Der triumphbogenartige Mittelteil der Gloriette wird von einem mächtigen Reichsadler bekrönt, der, umgeben von Waffentrophäen, auf der Weltkugel sitzt.

Bereits zu Maria Theresias Zeiten wurde der Mittelteil der Gloriette verglast und in der Folge von der kaiserlichen Familie oft als Speisesaal genutzt. Bei der Generalsanierung im Jahr 1995 wurden neuerlich Glasfenster eingesetzt. Im Gebäude wird seither ein Kaffeehaus geführt.

Schon lange dient die Gloriette
in- und ausländischen Besuchern
als besonderer Aussichtspunkt
über Wien.

Von der Gloriette kann man einen wunderschönen, weiten Blick über Garten und Schloss und den Westen Wiens bis zum Kahlenberg genießen. Vor der Gloriette wurde bereits bei ihrer Errichtung ein Teich angelegt, der als Wasserspeicher diente.

Das System der Alleen bildet das Gerüst der Parkanlage. Die meisten Alleen bestehen aus vier Baumreihen mit einem breiten zentralen Gang und zwei schmalen seitlichen Gängen. Einige haben exakte, vertikal geschnittene Baumwände, andere Bäume schließen sich tonnenförmig über dem Mittelgang.

Die Idee der Statuenserie entlang des Großen Parterres stammt aus einer Zusammenarbeit zwischen dem Hofarchitekten Ferdinand Hetzendorf von Hohenberg und dem Bildhauer Johann Christian Wilhelm Beyer. Gefertigt aus Sterzinger Marmor, entstanden 32 gleich hohe Statuen. Sie zeigen historische und mythologische Gestalten, großteils nach antiken Vorlagen gefertigt.

Der Meidlinger Najaden-Brunnen liegt im Schnittpunkt der Obelisken-, Linden-, Taubenhaus- und Ruinenallee. Entstanden um 1780 und gehauen aus Sterzinger Marmor, präsentieren sich die Quell- und Wassergeister aus dem Gefolge des Meeresgottes Neptun.

Das symmetrische Gegenstück zum Meidlinger Najaden-Brunnen ist der Hietzinger Najaden-Brunnen an der Tiergartenallee. Die vielen verschiedenen Wasserstellen, verteilt in der gesamten Parkanlage, machen den Schlosspark zum beliebten Aufenthaltsort für Wildtiere.

Das elegante Palmenhaus wurde 1882 fertig gestellt. Die über 100 m lange Eisen-Glas-Konstruktion, geschaffen von Franz Xaver Segenschmid nach englischen Vorbildern, zählte zu den schönsten und größten ihrer Zeit. An die Stelle älterer Glashäuser traten zwei Blumenparterres mit Brunnen, die mit dem Palmenhaus im Hintergrund wohl zu den am meisten fotografierten Motiven des Parks gehören.

Die drei abgeschlossenen Pavillons im Palmenhaus ermöglichen die Unterbringung von Pflanzen aus drei unterschiedlichen Klimazonen, sodass eine Fülle an Formen und Farben von Pflanzen aus aller Welt gezeigt werden kann.

Üppiges Grün erwartet den Besucher. Tausende Pflanzenarten ranken sich um zierliche Eisenkonstrukte, die dem Haus seine Stabilität und seinen Charme verleihen.

zum Park
to the gardens
Eingang
Entrance
zum Park
to the gardens

Hinter der Kamera

Auf Fotosafari in der Wildnis Zoo

Es ist frühmorgens, Libellen kreisen über prächtig gefärbten Seerosen, deren Blütenblätter sich makellos im ruhigen Wasser spiegeln. Ein Flusspferd taucht aus dem Wasser auf, öffnet gähnend sein gewaltiges Maul, bis die riesigen Hauer hervorragen, um gleich darauf wieder abzutauchen. Von weitem ist das Trompeten eines Elefanten zu hören. Es mischt sich mit dem dumpfen Brüllen eines Löwen und dem schrillen Gekreische von Affen zu einer Respekt einflößenden Geräuschkulisse. Plötzlich jagt ein Gepard in rasendem Tempo durch das hohe Gras, die Augen starr auf seine soeben entdeckte Beute gerichtet. Antilopen recken aufgeregt ihre Hälse und verfolgen das Geschehen mit aufmerksamen Blicken aus sicherer Entfernung, während sich Giraffen unbeeindruckt eine Etage höher um das Ernten frischer Triebe in luftiger Höhe kümmern.

Ich befinde mich nicht, wie man angesichts des Geschilderten vermuten könnte, auf einer Safari in Afrika, sondern in einem der schönsten Tiergärten der Welt, dem Tiergarten Schönbrunn. Ein ganzes Jahr lang streifte ich als Fotograf in dieser Wildnis Zoo umher, immer auf der Suche nach außergewöhnlichen Motiven und dem besonderen Bild. Über 50.000 Mal drückte ich dabei auf den Auslöser meiner digitalen Spiegelreflexkamera.

Was das fototechnische Rüstzeug betrifft, vertraue ich seit vielen Jahren auf das Nikon System. Ein Großteil der Fotos entstand mit einer Nikon D2X. In den letzten Wochen der Bildproduktion kam auch die neue Nikon D3 zum Einsatz, die meine Arbeit vor allem bei Innenaufnahmen, wo oft nur spärlich Licht vorhanden war, sehr erleichterte. Das Bildrauschen, welches bei hohen Empfindlichkeitseinstellungen sehr störend in Erscheinung tritt, wird durch einen revolutionären Bildsensor auf ein Minimum reduziert und führt so zu Bildergebnissen, die bis vor kurzem noch undenkbar gewesen wären. So wurde zum Beispiel das Bild der Lesson Amazilie auf Seite 134, bei sehr schlechten Lichtverhältnissen mit einer Empfindlichkeitseinstellung von ISO 1000 aufgenommen.

Die Vielfalt an Motiven im Tiergarten Schönbrunn gestattet den Einsatz einer breiten Objektivpalette. So wurden Originalobjektive von Nikon mit Brennweiten von 12 mm – 500 mm eingesetzt – unterstützt von Zubehör wie Blitzen, Konvertern, Kabelauslösern, Polfiltern und Stativen. Das mit Abstand am häufigsten verwendete Objektiv war

das lichtstarke Nikon AF-S VR 4/200-400 mm Zoom-Nikkor – ein ideales Arbeitsgerät für die Tierfotografie im Zoo. Der große Zoombereich ermöglicht eine schnelle Anpassung an die jeweilige Situation und der Bildstabilisator, der die Verwackelungstendenzen des Fotografen wirksam ausgleicht, sorgt für gestochen scharfe Aufnahmen.

Obwohl die Tiere in Schönbrunn in naturnah gestalteten, artgemäßen Lebensräumen beobachtet werden können und daher geradezu paradiesische Zustände für Fotografen herrschen, möchte ich Ihnen dennoch einige Tipps geben, die dazu beitragen könnten, Ihre Bildausbeute zu verbessern.

Suchen Sie den Tiergarten Schönbrunn schon zur Öffnungszeit auf! Früh am Tag sind die Tiere aktiver. Sie begeben sich auf Nahrungssuche, erwarten ihr morgendliches Futter von den Pflegern, inspizieren das Gehege oder beginnen den Tag mit Körperpflege. Ihre Sinne sind geschärft und ihr Blick wirkt interessiert und aufmerksam. Vor allem die Augen der Tiere sind es, die oft aus einem durchschnittlichen Motiv ein gutes Foto machen können. Ein wachsamer Blick direkt in die Kamera erzeugt Emotionen beim Betrachter und hinterlässt einen bleibenden Eindruck. Tiere lassen sich aber nicht bitten. Seien Sie also geduldig und nehmen Sie sich Zeit. Bleiben Sie mit dem Auge am Sucher und Ihrem Zeigefinger am Auslöser.

Direktes Sonnenlicht sollte für die Zoofotografie aufgrund der zahlreichen Schatten und hohen Kontraste nur zweite Wahl sein. Ein leicht bedeckter Himmel hingegen sorgt für weiches, kontrastarmes Licht, welches die oft störenden Schatten verhindert und Strukturen besser zur Geltung bringt. Gerade bei der Abbildung von Tier- oder Pflanzendetails, aber auch bei der Fotografie in Häusern wie dem Regenwaldhaus oder dem Wüstenhaus führt weiches Licht zu weitaus besseren Ergebnissen.

Bei Innenaufnahmen kann ein Stativ von großem Nutzen sein, da manchmal das vorhandene Licht nicht ausreicht, um scharfe Aufnahmen mit freier Hand zu machen. Im Freien hingegen spielt das Stativ, solange Sie nicht mit langen Brennweiten fotografieren, eine untergeordnete Rolle. Da die Tiere meist in Bewegung sind, sind oft kurze Belichtungszeiten von Vorteil, sodass Sie getrost darauf verzichten können. Außerdem tragen die Bildstabilisatoren in modernen Objektiven dazu bei, dass selbst bei relativ langen Belichtungszeiten noch scharfe Aufnahmen möglich sind. Ein Einbeinstativ leistet vor allem dann gute Dienste, wenn Sie mit schweren Teleobjektiven fotografieren. Nicht nur weil Sie damit in der Lage sind, die Kamera ruhiger zu halten, sondern auch weil Sie das beachtliche Gewicht nicht selbst stützen müssen.

Teleobjektive bringen das Tier optisch nicht nur näher, sondern sorgen aufgrund ihres kleinen Bildwinkels und der geringen Tiefenschärfe bei offener Blende, also kleiner Blendenzahl, für einen ruhigen Hintergrund. Störende Elemente werden in Unschärfe aufgelöst, sodass das Hauptmotiv besser zur Geltung kommt. Zusätzlich kann bei Tierporträts ein mit reduzierter Leistung eingesetzter Blitz vorhandene Schatten aufhellen, für frische Farben sorgen und ein Spitzlicht in die Augen der Tiere zaubern. Wichtig bei Tierporträts: Stets auf die Augen scharf stellen!

Gitter und Glasscheiben sollten Sie nicht entmutigen. Feinmaschige Gitter lassen sich in Unschärfe auflösen und unsichtbar machen, indem Sie das Objektiv an das Gitter halten und mit offener Blende fotografieren. Ähnliches gilt für Glasscheiben. Reflektionen trüben das

Bild, können aber durch geeignete Maßnahmen auf ein erträgliches Maß reduziert werden. Positionieren Sie das Objektiv vorsichtig direkt am Glas und versuchen Sie, mit einer Hand zusätzlich noch reflektierende Bereiche abzudunkeln. Dunkle Kleidung spiegelt weniger als helle. Ausreichend Licht vorausgesetzt, kann auch ein im spitzen Winkel zur Glasscheibe angewandter Polfilter gute Dienste leisten. Er verlängert zwar die Belichtungszeit deutlich, kann die Reflektionen aber oft merklich reduzieren.

Auf der Internetseite des Tiergarten Schönbrunn, www.zoovienna.at, erhalten Sie zusätzlich wertvolle Informationen über Nachzuchten, Neuheiten, Fütterungszeiten oder Veranstaltungen. Ereignisse, die allesamt eine Quelle für lohnende Motive sein können.

Nehmen Sie die Bilder in diesem Buch als Anreiz, selbst einmal zur Kamera zu greifen. Begeben Sie sich auf eine Fotosafari auf fünf Kontinente und erleben Sie die Wildnis Zoo hautnah. Die Bewohner des Tiergarten Schönbrunn werden dafür sorgen, dass Sie mit Speicherkarten und Filmen voll unvergesslicher Eindrücke zurückkehren.

Danksagung

Die Umsetzung dieses Bildband-Projektes wäre ohne die Mithilfe vieler Menschen in dieser Form nicht möglich gewesen. All jenen soll diese Seite von ganzem Herzen gewidmet sein.

Mein erstes Dankeschön geht an Direktorin Dr. Dagmar Schratter. Danke nicht nur dafür, dass Sie meine Begeisterung für dieses Projekt von Anfang an geteilt und mich auf jede nur erdenkliche Weise unterstützt haben, sondern auch dafür, dass sie meinen Fotografenalltag mit ihrer wunderbaren „Wildnis Zoo" bereichert haben.

Frau Mag. Regina Pfistermüller danke ich für die Verfassung der Texte, die den Fotos eine zusätzliche Bedeutung und Tiefe verleihen. Ein herzliches Dankeschön auch für die vielen Stunden, die notwendig waren, um Text und Bild zu einem harmonischen Ganzen zu vereinen. Es erfüllt mich mit Freude sagen zu können, dass dies „unser Buch" ist.

Den TierpflegerInnen des Tiergarten Schönbrunn danke ich für die wertvollen Tipps und die tatkräftige Unterstützung. So manches schöne Bild in diesem Buch habe ich Euch zu verdanken!

Nikon Österreich, hier insbesondere Herrn Mag. Wolfgang Lutzky, danke ich für das Sponsoring der Fotoausstellung „Wildnis Zoo" im Naturhistorischen Museum Wien. Herrn Otto Gugler vom Nikon Professional Service möchte ich für die hervorragende Betreuung und seinen persönlichen Einsatz danken.

Ein Dankeschön auch an Herrn Univ. Prof. Dr. Bernd Lötsch und Herrn Dr. Reinhard Golebiowski vom Naturhistorischen Museum Wien für die Ermöglichung der Fotoausstellung „Wildnis Zoo".

Der Druckerei Theiss, im Besonderen Herrn Gottlieb Magesacher und Herrn Nikolaus Schiller, danke ich für die ausgezeichnete Zusammenarbeit während der Buchproduktion.

Lieben Dank an Herrn Karim Jalloul und Frau Mag. Nina Einicher von Lifestyle Living – the apartment group sowie an guess flats und das Hotel Park Inn Vienna.

Und Dir, mein lieber Sohn Christopher, danke ich dafür, dass Du jeden Moment meines Lebens, und sei er noch so dunkel, mit Deinem Lächeln, Deiner Herzlichkeit oder auch nur einer einzigen Umarmung, mit Licht zu fluten vermagst. Du bist die Sonne, die meine Seele wärmt!

Daniel Zupanc, KIKO Verlag